健康低脂的无黄油烘焙

[日] 宫代真弓 著
何凝一 译

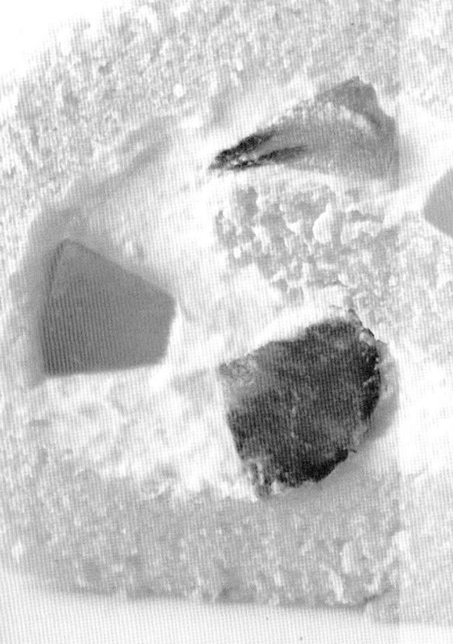

制作甜点，讲求的不仅是技术。
我认为，过程中的快乐，或者说，怀着怎样的心情为谁而做，才是最重要的。

看着刚出炉的香味四溢的点心，
看着亲朋好友们喜悦的表情，
幸福的感觉便会油然而生。

而"尽量轻松简单地做一份味道甜美又拥有存在感的甜点"，是我的心愿。
在本书中，我会把十五年来研究甄选过的食谱一一介绍给大家。

无须使用黄油，无须进行温度管理，就能做成的浓香重料蛋糕；
按照步骤操作，就可轻松做出的美味松软蛋糕；
香脆而让人难忘的曲奇、成熟醇香的冰点……

基本上，本书中收录的都是 30~60 分钟就可完成的甜点。
如果大家喜欢这本书并能从中找到自己钟爱的甜点，
那将是我最大的快乐。

青岛出版社
QINGDAO PUBLISHING HOUSE

本书中甜点的制作特征

无须黄油

配方中不含黄油，所有甜点都是用鲜奶油和食用油等制作出的。鲜奶油和食用油均是液体，使用时也比较方便。如果选用黄油，则需要将它恢复至常温或搅拌成奶油状，也可用热水加温，相对来说比较麻烦。

甜点中常用的黄油。味道香浓，但使用时比较麻烦，还需要切分。

1小时即可完成

由于不使用黄油，材料从冰箱中拿出来后就可以着手制作面浆，省时省力。制作时间在30~60分钟。比如重料蛋糕和纸杯蛋糕（p.8、p.13、p.18等）、玛德琳蛋糕（p.22）、美式曲奇（p.69）等甜点，用5~10分钟制作，然后放入烤箱烘焙即可，简单方便。

* 为提高效率，本书中的制作时间均不含计量、准备热水、冰水的时间。在烤箱预热、等待冷却的过程中，也可进行其他操作，因此1小时内就可以完成甜点的制作。作为特别篇，本书最末的两款甜点属于特制品，需要花费更长的时间，也一并附上食谱，供大家参考。

▶ 接下来就开始制作吧！

要想轻松完成整个制作过程，建议大家参照食谱，准备一些必要的用具。比如杏子橙皮重料蛋糕（p.8）中主要用到的工具有碗、打蛋器、橡皮刮刀、铺好烘焙纸的模具（或纸模具）等四种。其他常用的工具还包括刀子、砧板、筛滤面粉的滤网、擦柠檬皮的擦丝器。面粉可以放到料理用塑料袋中，封好开口，来回晃动让其变得更细腻均匀。柠檬皮可以用小刀切碎，也可以用类似的方法弄碎。

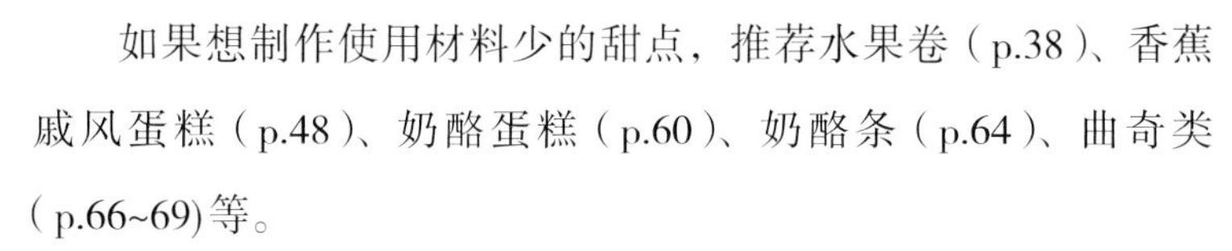

如果想制作使用材料少的甜点，推荐水果卷（p.38）、香蕉戚风蛋糕（p.48）、奶酪蛋糕（p.60）、奶酪条（p.64）、曲奇类（p.66~69）等。

本书常用材料的制作方法

鲜奶油的六分发状态和八分发状态

六分发是指用打蛋器或手持搅拌机的搅棒挑起奶油时，奶油会迅速滴落，留下的印记会很快消失。八分发则是指被挑起的奶油挂在打蛋器或搅棒上，顶端呈弧形。

卡仕达奶油的制作方法

先将蛋黄、砂糖倒入碗中，再从香草荚（如果有的话）中取出香草籽放到碗中，用打蛋器将它们搅拌成蛋黄酱。接着，将低筋面粉筛滤到碗中，再慢慢加入牛奶，搅拌混匀。然后用滤网等过滤，移到锅里，开火加热至沸腾，用耐热刮刀搅拌30秒左右，变成黏稠状即可关火。根据用途静置冷却后使用。

*分量与用法参见相关甜点的制作方法页面。

用糖霜和酱料描线时

将烘焙纸（或裱花袋、料理用塑料袋）折叠成锥形，倒入糖霜或酱料。将锥形顶端稍微剪去一点，描线时更容易。

目录 Contents

重料蛋糕

松软梦幻的甜点

酥脆甜点

创意甜点

冷制甜点

咸味点心

时间充裕时可试试看
特制甜点

本书中默认事项

- 1 大匙为 15mL，1 小匙为 5mL。
- 关于部分材料的具体品种规格，可参照下述配方。
  - 低筋面粉……可选用“Dolce”等品牌的面粉，细腻顺滑
  - 细砂糖……颗粒须均匀细密（小颗粒）
  - 鲜奶油……乳脂肪含量 47%（1mL 少于 1g）
  - 鸡蛋……L 型号
  - 油……选用红花油、白芝麻油等香味不浓的食用油
  - 巧克力碎片……可可含量 60%~70%
  - 甜巧克力……可可含量在 56% 左右
  - 柠檬皮、柠檬……表面不含蜡的可食用柠檬
  - 西梅、樱桃等干果加工品……去核
- 选用低温启动型的燃气烤箱。温度与烘烤的时间因机型而异，请参考食谱，适时观察烘烤的状态进行调整（轻触面饼上部时可以感觉到弹力，若太热无法用手触摸时，可用竹签插入其中，没有面浆粘在竹签上即可）。若使用功率较小的电烤箱，建议事先预热烤箱或延长烘烤时间。
- 使用 600W 的微波炉。为了使操作更简单，通常都是用微波炉加热融化巧克力。但除此之外，也推荐常用的热水加温融化巧克力的方法。

重料蛋糕

杏子橙皮重料蛋糕

酥松香甜，略带橙皮的苦味，同时又带有杏子清爽的酸甜味，蛋糕的口感轻绵润滑。

※ **材料**（21cm × 8cm × 6cm 的磅蛋糕模具，1 个的用量）

鲜奶油……100g
细砂糖……100g
盐……1 小撮
鸡蛋……2 个

A
- 低筋面粉……70g
- 高筋面粉（若没有可使用低筋面粉 ※1）……30g
- 杏仁粉……40g
- 发酵粉……1 小匙

杏子（半干）……4 颗
橙皮（切丁）※2……100g
柠檬皮……1/2 个的量
柑曼怡（或者自己喜欢的洋酒）、油……各适量

※1 如果换成低筋面粉，之后加入的杏子就更容易沉淀，因此需要事先将杏子切得更碎一些。烘烤后不易嚼食，建议放置 1 天后食用，口感更佳。
※2 切成 3mm 见方的小块，最好是浸泡过洋酒的橙皮。

✻基本的制作方法

1. 先将杏子切成大块。

2. 将鲜奶油、细砂糖、盐倒入碗里。

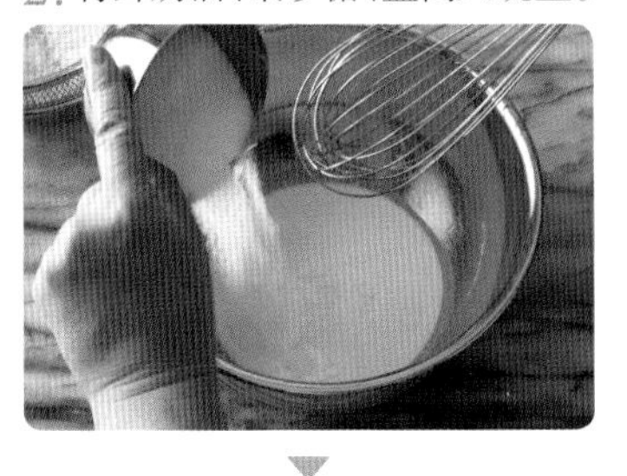

3. 用打蛋器搅拌 30 秒左右，打发成奶油状。

＊搅拌奶油，打蛋器在奶油上留下划痕时即可。

4. 打入鸡蛋。

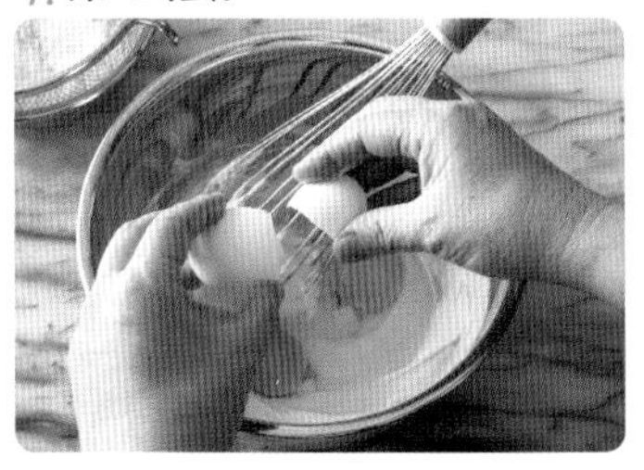

5. 搅拌均匀。

＊全部搅拌细腻顺滑后就可以停下了。

6. 将 A 筛滤到碗内。

＊将所有粉类筛入碗中，即可进入下一步。

7. 用木刮刀搅拌至面粉零星可见时为止。

8. 将步骤 1 的杏子、橙皮、擦碎后的柠檬皮加入碗中，再放入 1 小匙柑曼怡。

9. 搅拌均匀。

＊搅至面粉完全消失，整体变细腻顺滑时即可。

10. 模具中铺上一层烘焙纸，将步骤 9 的面浆慢慢注入其中。

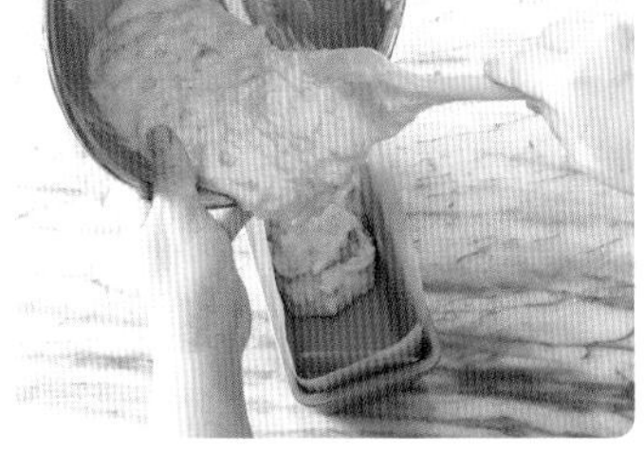

＊铺烘焙纸之前，可先将纸翻到反面，放在模具上，四周剪出切口，方便调整大小。

11. 用沾有油的小刀在中央划出一条裂痕。

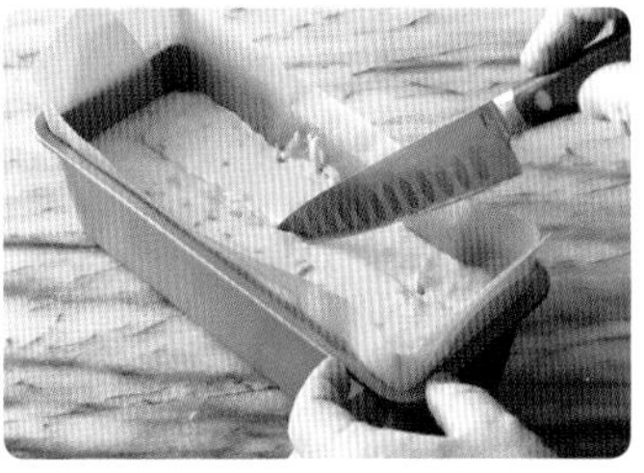

＊烘烤时便于顶端绽开，需事先划出几道裂痕。

12. 放入 170 ℃的烤箱中烘烤 40~45 分钟，从模具中取出，趁热涂上柑曼怡。

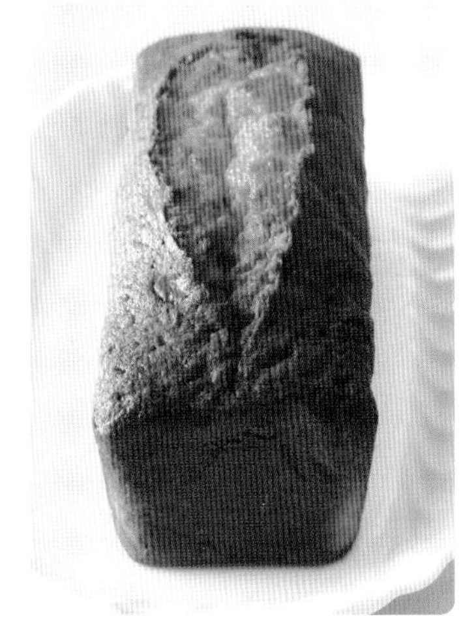

＊用手轻压上部，如能感觉到弹力且能迅速恢复原来的样子，即可停止烘烤。

因为需要一次性加入所有的粉类，所以在计量时可将碗与筛网叠放，之后操作时会更顺手快捷。

红茶西梅重料蛋糕

制作方法简单，味道醇厚，这是我非常喜欢的蛋糕。
红茶的芳香让下午茶时间更闲适舒心。

✲ 材料（21cm×8cm×6cm 的磅蛋糕模具，1 个的用量）

鲜奶油……100g
细砂糖……100g
盐……1 小撮
鸡蛋……2 个
A
- 低筋面粉……50g
- 高筋面粉……50g
- 杏仁粉……40g
- 发酵粉……1 小匙
- 红茶叶（细粉末※）……1/2 大匙

红茶利口酒（或自己喜欢的洋酒）……1 大匙
食用油……适量

红酒煮西梅
西梅（半干）……10 颗
红酒……200mL
细砂糖……1 大匙
肉桂粉（若有）……少许
柠檬皮（若有）……1/2 个的量

糖霜
砂糖粉……30g
水……6g

※ 选用自己喜欢的红茶叶，用研磨器磨碎或放入料理用塑料袋中碾碎。

✲ 制作方法

1. 将红酒煮西梅的所有材料放入耐热容器中，用微波炉加热 2 分钟，完成后放置一旁。
2. 将鲜奶油、细砂糖、盐倒入碗中，用打蛋器搅拌 30 秒左右，打发成奶油状，打入鸡蛋，搅拌均匀。
3. 从步骤 1 中挑出 1 颗西梅用于装饰，其余的西梅切成 6~8 等份。
4. 将 A 料全部筛到步骤 2 的碗中，用橡皮刮刀混合至面粉零星可见时为止。加入步骤 3 中切好的西梅、红茶利口酒，搅拌均匀。
5. 模具中铺上一层烘焙纸，将步骤 4 的面浆慢慢注入其中。
6. 用沾有油的小刀在面浆中央划一道。
7. 放入 170℃的烤箱中烘烤 30 分钟。将装饰用的西梅从中间一切两半，放置在面浆表面，入烤箱再烤 10~15 分钟。
8. 将砂糖粉和水混合均匀，制成糖霜。从模具中取出步骤 7 中烤好的蛋糕，趁热涂上糖霜。

※ 照片中是切分好的蛋糕，另加入迷迭香（分量外）点缀。

※ **材料**（21cm×8cm×6cm 的磅蛋糕模具，1 个的用量）

鲜奶油……100g
细砂糖……90g
盐……1 小撮
鸡蛋……2 个
冷冻南瓜……150g

A
- 低筋面粉……70g
- 高筋面粉（或低筋面粉※）……30g
- 杏仁粉……40g
- 发酵粉……2 小匙

葡萄干……80g
朗姆酒……1 大匙
食用油……适量

※ 如果换成低筋面粉，之后加入的葡萄干就更容易沉淀，因此需要事先切碎。烘烤后不易嚼食，建议将蛋糕放置一天后食用，口感更佳。

※ **制作方法**

1. 冷冻的南瓜放入耐热的容器中，蒙上耐高温保鲜膜，用微波炉加热 4~5 分钟，去皮后用叉子压碎。葡萄干洗净，用朗姆酒浸泡。
2. 将鲜奶油、细砂糖、盐倒入碗中，用打蛋器搅拌 30 秒左右，打发成奶油状。打入鸡蛋，搅拌均匀，加入步骤 1 的南瓜，混合。
3. 将 A 料全部筛到步骤 2 的碗中，换用橡皮刮刀，混合至面粉零星可见时为止。加入步骤 1 中的葡萄干，搅拌均匀。
4. 模具中铺上一层烘焙纸，将步骤 3 的面浆慢慢注入其中。用沾有油的小刀在面浆中央划出一条裂痕。
5. 放入 170℃的烤箱中烘烤 40~45 分钟。

南瓜葡萄干重料蛋糕

透出南瓜的浓郁金黄色，味美香甜的蛋糕。
富有光泽且口感独特，令人心情愉悦。

香蕉核桃重料蛋糕

建议使用完全熟透的香蕉制作此款蛋糕。
添加香烤核桃，制造唇齿留香的口感。

※ **材料**（21cm × 8cm × 6cm 的磅蛋糕模具，1 个的用量）

鲜奶油……100g
枫糖……100g
盐……1 小撮
鸡蛋……2 个
A
- 低筋面粉……50g
- 高筋面粉……50g
- 杏仁粉……40g
- 发酵粉……2 小匙

香蕉果肉……100g（约 1 根）
核桃（香烤）※……30g
核桃（装饰用）……6 颗
食用油、砂糖粉……各适量

※ 如果是自己烘烤的，可将核桃去壳，放入 160℃的烤箱中烘烤 15 分钟。

※ **制作方法**

1. 将用来香烤的 30g 核桃略切碎。用叉子将香蕉果肉压碎。
2. 将鲜奶油、枫糖、盐倒入碗中，用打蛋器搅拌 30 秒左右，打发成奶油状，再打入鸡蛋，搅拌均匀。
3. 将 A 料全部筛到步骤 2 的碗中，用橡皮刮刀混合至面粉零星可见时为止。加入步骤 1 的核桃和香蕉，搅拌均匀。
4. 模具中铺上一层烘焙纸，将步骤 3 的面浆慢慢注入其中。用沾有油的小刀在面浆中央划出一条裂痕。
5. 放入 170℃的烤箱中烘烤 30 分钟，放上装饰用的核桃，再烤 10~15 分钟。
6. 从模具中取出蛋糕，冷却后撒上砂糖粉 ※。

※ 制作完成时，可用纸遮住中间的核桃，再在两侧撒上砂糖粉，这样看起来更漂亮。

用透明的甜点袋包起来，再系上丝带，这样就可以用作伴手礼啦。

香蕉巧克力碎片重料蛋糕

只需 5 分钟就可准备就绪！
用常见的材料就能轻松制作出来的蛋糕。

✻ 材料（21cm×8cm×6cm 的磅蛋糕模具，1 个的用量）

鲜奶油……100g
细砂糖……100g
盐……1 小撮
鸡蛋……2 个
A ┌ 低筋面粉……50g
  │ 高筋面粉……50g
  │ 杏仁粉……40g
  └ 发酵粉……2 小匙
香蕉果肉……200g（约 2 根）
巧克力碎片……40g
食用油……适量

✻ 制作方法

1. 香蕉果肉分成两等份，将其中一份用叉子压成泥，另一份切成 5mm 厚的圆片。
2. 将鲜奶油、砂糖、盐倒入碗中，用打蛋器搅拌 30 秒左右，打发成奶油状。打入鸡蛋，搅拌均匀。
3. 将 A 料全部筛到步骤 *2* 的碗中，用橡皮刮刀混合至面粉零星可见时为止。加入巧克力碎片和步骤 *1* 的香蕉泥，搅拌均匀。
4. 模具中铺上一层烘焙纸，将步骤 *3* 的面浆慢慢注入其中。用沾有油的小刀在面浆中央划出一条裂痕。
5. 放入 170℃的烤箱中烘烤 30 分钟，整齐摆放上步骤 *1* 切好的香蕉圆片，入烤箱再烤 10~15 分钟。

切成适口的厚度，放到透明的甜点袋中，再贴上标签作点缀。

水果蛋糕

口感醇香，水果丰富。无须掌握特殊的技法，只要确保蛋糕面团的稳定性即可。这是一款初学者也能烤好的简单蛋糕。

材料（21cm × 8cm × 6cm 的磅蛋糕模具，1 个的用量）

- 鲜奶油……100g
- 细砂糖……80g
- 盐……1 小撮
- 鸡蛋……2 个
- A
  - 低筋面粉……50g
  - 高筋面粉……50g
  - 杏仁粉……40g
  - 发酵粉……2 小匙
- 杏子（半干）……30g
- 橙皮……20g
- 葡萄干……30g
- 蔓越莓（半干）……20g
- 核桃（香烤）※……20g
- 食用油……适量

红酒煮水果

- B
  - 西梅（半干）……10 颗
  - 无花果（半干）……3 颗
  - 肉桂皮……1 根
  - 八角……2 个
  - 红酒（甜）……200g
- 细砂糖……20g

糖霜

- 砂糖粉……30g
- 水……6g

※ 如果是自己烘烤的，可将核桃去壳，放入 160℃的烤箱中烘烤 15 分钟。

制作方法

1. 制作红酒煮水果。将 B 料放入锅中，开火煮至沸腾后调至小火，再放入细砂糖，盖上锅盖，煮 8 分钟左右，关火，取出肉桂皮和八角（用于装饰）。
2. 取出 1 颗杏子、2 条橙皮、步骤 1 的 2 颗西梅和 1 颗半无花果（从 3 颗无花果中挑选 1 颗一切两半）用于装饰。剩余的杏子、西梅一切两半，无花果切成 4~6 等份，橙皮切成粗条状，核桃大致切碎。
3. 将鲜奶油、细砂糖、盐倒入碗中，用打蛋器搅拌 30 秒左右，打发成奶油状。打入鸡蛋，搅拌均匀。
4. 将 A 料全部筛到步骤 3 的碗中，用橡皮刮刀混合至面粉零星可见时为止。加入葡萄干、蔓越莓和步骤 2 中用于蛋糕内的橙皮和核桃，搅拌均匀。
5. 模具中铺上一层烘焙纸，将步骤 4 中一半的面浆慢慢注入其中，撒上步骤 2 中用于蛋糕内的杏子、西梅、无花果，注入另一半面浆。用沾有油的小刀在面浆中央划出一条裂痕。
6. 放入 170℃的烤箱中烘烤 40~45 分钟。
7. 将砂糖粉和水混合均匀，制成糖霜。取出步骤 6 烤好的蛋糕，趁热涂上糖霜。在蛋糕还留有湿气时，放上步骤 2 中装饰用的杏子、西梅、无花果、步骤 1 的肉桂皮、八角。

✻ **材料**（约 580mL 的细长形磅蛋糕模具 ※1，1 个的用量）

鲜奶油……60g
砂糖粉……75g
鸡蛋……1 个
A［低筋面粉……32g
　 杏仁粉……30g
苦甜巧克力……35g
核桃（香烤）※2……50g

※1 以上部 23cm × 4.5cm、底部 23cm × 3.5cm、高 6.5cm 的磅蛋糕模具为标准。
※2 如果是自己烘烤的，可将核桃去壳，放入 160℃的烤箱中烘烤 15 分钟。

✻ **制作方法**

1. 核桃大致切碎。
2. 将鲜奶油、一半砂糖粉倒入碗中，用打蛋器搅拌 30 秒左右，打发成奶油状。
3. 另取一碗，打入鸡蛋搅拌均匀，将剩下的砂糖粉筛到其中，用手持搅拌机打发至泛白状态。
4. 苦甜巧克力切碎后放入耐热容器中，用微波炉加热 80~100 秒，在结块之前搅拌均匀。
5. 将步骤 2 和步骤 4 的材料倒入步骤 3 的碗中，用打蛋器慢慢搅拌混合。将 A 料筛到其中，用橡皮刮刀混合至面粉零星可见时为止。加入步骤 1 的核桃，搅拌均匀。
6. 模具中铺上一层烘焙纸，将步骤 5 的面浆慢慢注入其中。
7. 放入 170℃的烤箱中烘烤 25~30 分钟 ※。

※ 图中所示为切分好的蛋糕，另加入薄荷（分量外）点缀。

布朗尼

外脆内香、美味无限的巧克力甜点。既可以当成平日的零食，又可以作为情人节的特别惊喜！大力推荐。

巧克力香橙蛋糕

橙皮的味道略苦，却是这款巧克力蛋糕的特点。
加入一些坚果作点缀，在略显成熟的味道中增添几分可爱。

✲ 材料（50mL 的沙瓦林形模具，16 个的用量）

- 鲜奶油……100g
- 细砂糖……65g
- 鸡蛋……2 个
- A
  - 低筋面粉……50g
  - 高筋面粉……50g
  - 杏仁粉……30g
  - 可可粉……10g
  - 发酵粉……1 小匙
- 苦甜巧克力……50g
- 橙皮……150g
- 食用油……适量

装饰品

- 涂层用巧克力……100g
- 橙皮……16 条
- 开心果、核桃等自己喜欢的坚果（香烤）※……各适量

※ 如果是自己烘烤的，可将开心果、核桃与坚果去壳，放入 160℃的烤箱中烘烤 15 分钟。

✲ 制作方法

1. 取橙皮 150g 切碎。
2. 将鲜奶油、细砂糖倒入碗中，用打蛋器搅拌 30 秒左右，打发成奶油状。打入鸡蛋，搅拌均匀。
3. 苦甜巧克力切碎后放入耐热容器中，用微波炉加热 80~100 秒，在结块之前搅拌均匀。
4. 将步骤 3 的巧克力放入步骤 2 的碗中，用打蛋器慢慢搅拌混合。将 A 料筛到其中，用橡皮刮刀混合至面粉零星可见时为止。加入步骤 1 的橙皮，搅拌均匀。
5. 模具涂上一层油，用勺子将步骤 4 的面浆分装到模具中。
6. 放入 170℃的烤箱中烘烤 18~20 分钟。从模具中取出蛋糕，放到金属网格上冷却。
7. 准备装饰品。将涂层用的巧克力切碎，放到耐热的小碗中，用微波炉加热 80~100 秒，在结块之前搅拌均匀。
8. 将步骤 7 的巧克力浇到步骤 6 中蛋糕的顶部，放上坚果和橙皮作装饰。

本次我们使用的是硅胶沙瓦林形模具，蛋糕脱模时更方便。

材料（90mL 的金字塔形模具，9 个的用量）

鲜奶油……100g
细砂糖……65g
鸡蛋……2 个
A
- 低筋面粉……50g
- 高筋面粉……50g
- 杏仁粉……30g
- 可可粉……10g
- 发酵粉……1 小匙

苦甜巧克力……50g
生巧克力 ※1……45g
碧根果（香烤）※2……9 颗
食用油……适量

※1 自己动手制作时，可参照 p.83 威士忌巧克力的制作方法。
※2 如果是自己烘烤的，可将碧根果去壳，放入 160℃的烤箱中烘烤 15 分钟。

制作方法

1. 将鲜奶油、细砂糖倒入碗中，用打蛋器搅拌 30 秒左右，打发成奶油状。打入鸡蛋，搅拌均匀。
2. 苦甜巧克力切碎，放入耐热容器中，用微波炉加热 80~100 秒，在结块之前搅拌均匀。
3. 将步骤 2 的巧克力放入步骤 1 的碗中，用打蛋器慢慢搅拌混合。将 A 料筛到其中，用橡皮刮刀搅拌均匀。
4. 模具涂上一层油，每个模具中放入 1 颗碧根果。用勺子将步骤 3 的面浆分装到 9 个模具中，每个模具的中央嵌入 1/9（各 5g）的生巧克力。
5. 放入 170℃的烤箱中，烘烤 25~30 分钟。

本次我们使用的是硅胶金字塔形模具，从而制作出更具时尚感的蛋糕。

双层巧克力塔形蛋糕

烘烤完成后，顶端的碧根果会覆盖住蛋糕中心的生巧克力。趁热食用，味道更佳。

樱桃纸杯蛋糕

简单方便的纸杯蛋糕。可将樱桃换成
木莓和草莓，尝试不同口味。

材料（杯口直径 7cm、底面直径 5.2cm 的马芬模具，4 个的用量）

鲜奶油……50g
细砂糖……50g
盐……少许
鸡蛋……1 个
A ┌ 低筋面粉……50g
　│ 杏仁粉……20g
　└ 发酵粉……1/2 小匙
樱桃（罐头或冷冻）……16 颗

制作方法

1. 将鲜奶油、细砂糖、盐倒入碗中，用打蛋器搅拌 30 秒左右，打发成奶油状。打入鸡蛋，搅拌均匀。
2. 将 A 料筛到步骤 1 的碗中，换用橡皮刮刀，搅拌均匀。
3. 模具中铺上一层玻璃纸杯，用勺子将步骤 2 的面浆分装到 4 个模具中。每个模具中放入 4 颗樱桃。
4. 放入 180℃的烤箱中，烘烤 20 分钟。

浓香纸杯蛋糕

肉桂与葡萄干的绝妙组合！
推荐给喜欢朴素乡村风味的朋友品尝。

材料（直径 6cm 的纸模具，9 个的用量）

鲜奶油……110g
黄蔗糖（或细砂糖）……80g
盐……少许
鸡蛋……1 个
A ┌ 低筋面粉……100g
　│ 杏仁粉……40g
　│ 发酵粉……1 小匙
　└ 肉桂粉……1 小匙
葡萄干……80g
白兰地……1 大匙
砂糖粉……适量

制作方法

1. 葡萄干洗净后大致切碎，用白兰地浸泡。
2. 将鲜奶油、黄蔗糖、盐倒入碗中，用打蛋器搅拌 30 秒左右，打发成奶油状。打入鸡蛋，搅拌均匀。
3. 将 A 料筛到步骤 2 的碗中，用橡皮刮刀混合至面粉零星可见时为止。加入步骤 1 的葡萄干，搅拌均匀。
4. 用勺子将步骤 3 的面浆分装到 9 个纸模具中。
5. 放入 170℃的烤箱中，烘烤 15 分钟，冷却，撒上砂糖粉。

巧克力甘栗纸杯蛋糕

让人惦记整个秋冬的纸杯蛋糕。
用打发好的鲜奶油点缀，更加精致可口。

※ 材料（杯口直径 5.5cm、底面直径 5cm 的纸模具，10 个的用量）

- 鲜奶油……110g
- 细砂糖……80g
- 盐……少许
- 鸡蛋……1 个
- A
  - 低筋面粉……70g
  - 可可粉……10g
  - 杏仁粉……40g
  - 发酵粉……1 小匙
- 巧克力碎片……50g
- 甘栗……60g
- 小糖球……适量

装饰奶油

- 鲜奶油……50g
- 细砂糖……5g

※ 制作方法

1. 取 5 颗甘栗用于装饰。剩余的甘栗略切碎。
2. 将鲜奶油、细砂糖、盐倒入碗中，用打蛋器搅拌 30 秒左右，打发成奶油状。打入鸡蛋，搅拌均匀。
3. 将 A 料筛到步骤 2 的碗中，用橡皮刮刀混合至面粉零星可见时为止。加入步骤 1 中切碎的甘栗、巧克力碎片，搅拌均匀。
4. 用勺子将步骤 3 的面浆分装到 10 个纸模具中。
5. 放入 170℃的烤箱中，烘烤 18 分钟，冷却。
6. 将装饰奶油的所有材料倒入碗中，打至八分发状态（p.3），倒入星形花嘴的裱花袋中，再挤到蛋糕顶上，加上小糖球点缀，最后将步骤 1 的装饰用栗子对切开，放到蛋糕上。

豆面纸杯蛋糕

黄豆面的出色口感，制作出日式风格十足的蛋糕。蛋糕顶的芝麻增添不少风味。

※ 材料（杯口直径 7cm、底面直径 5.2cm 的马芬模具，4 个的用量）

- 鲜奶油……60g
- 细砂糖……40g
- 盐……少许
- 鸡蛋……1 个
- A
  - 低筋面粉……40g
  - 黄豆面……15g
  - 发酵粉……1/2 小匙
- 红豆（水煮罐头）……40g
- 蔓越莓……20g
- 白芝麻……1 大匙

※ 制作方法

1. 将鲜奶油、细砂糖、盐倒入碗中，用打蛋器搅拌 30 秒左右，打发成奶油状。打入鸡蛋，搅拌均匀。
2. 将 A 料筛到步骤 1 的碗中，换用橡皮刮刀，混合至面粉零星可见时为止。加入滤干水的红豆、蔓越莓，混合均匀。
3. 模具中铺上一层玻璃纸杯，用勺子将步骤 2 的面浆分装到 4 个模具中，撒上白芝麻。
4. 放入 180℃的烤箱中，烘烤 25 分钟。

抹茶甜纳豆纸杯蛋糕

富含鸡蛋的膨松纸杯蛋糕。
使用多色的甜纳豆，趣味盎然。

材料（杯口直径 7cm、底面直径 5.2cm 的马芬模具，8 个的用量）

鲜奶油……85g
细砂糖……65g
盐……少许
白豆沙栗子酱※……45g
鸡蛋……2 个
A 低筋面粉……85g
A 杏仁粉……40g
A 发酵粉……1 小匙
A 抹茶……2 小匙
甜纳豆……50g

※ 推荐“京 Marron”牌的白豆沙栗子酱。

制作方法

1. 将鲜奶油、细砂糖、盐、白豆沙栗子酱倒入碗中，用打蛋器将栗子酱混匀，打发成奶油状。打入鸡蛋，搅拌均匀。
2. 将 A 料筛到步骤 *1* 的碗中，用橡皮刮刀混合均匀。
3. 模具中铺上一层玻璃纸杯，用勺子将步骤 *2* 的面浆分装到 8 个模具中，放上甜纳豆。
4. 放入 170℃的烤箱中，烘烤 23~25 分钟。

黑糖坚果纸杯蛋糕

黑糖与坚果是同色系的食材，
搭配起来既美观又美味，可以尝试做做看哦！

✲ **材料**（直径 5.8cm、高 8cm 的托尔纸形模具，2 个的用量）

鲜奶油……50g
黑糖……60g
盐……少许
鸡蛋……1 个
A
- 低筋面粉……50g
- 杏仁粉……20g
- 发酵粉……1 小匙

香蕉……50g（约 1/2 根）

坚果焦糖 ※
杏仁、榛子等自己喜欢的坚果……60g
细砂糖……45g
水饴……15g

※ 适宜操作的分量即可。如有剩余，可淋到玛德琳蛋糕（p.22）的顶层，之后再进行烘烤；或者添加到戚风蛋糕（p.50）、冰淇淋中。冷冻条件下可保存 2 个月左右。

✲ **制作方法**

1. 制作坚果焦糖。将坚果去壳后放在 170℃的烤箱中烘烤 15 分钟，烤出焦黄色即可。
2. 将细砂糖和水饴倒入锅中，开火加热至呈褐色，倒入步骤 1 的坚果，关火，搅拌，让坚果均匀裹上焦糖。
3. 在耐热的烤盘中铺上烘焙纸，平铺上步骤 2 做的坚果焦糖，冷却。
4. 用叉子将香蕉果肉压碎。
5. 将鲜奶油、黑糖、盐倒入碗中，用打蛋器搅拌 30 秒左右，打发成奶油状，打入鸡蛋，搅拌均匀。
6. 将 A 料筛到步骤 5 的碗中，用橡皮刮刀混合至面粉零星可见时为止。加入步骤 4 的香蕉果泥，混合均匀。
7. 用勺子将步骤 6 的面浆分装到 2 个模具中。
8. 放入 170℃的烤箱中，烘烤 17 分钟左右。淋上步骤 3 的坚果焦糖，入烤箱再烤 8~10 分钟。

✲ **材料**（6.3cm×6.3cm×1.6cm 的贝壳形模具，10 个的用量）

鲜奶油……60g
细砂糖……65g
盐……少许
鸡蛋……1 个
A ┌ 低筋面粉……50g
  │ 杏仁粉……40g
  └ 发酵粉……1 小匙
柠檬皮……1/2 个的分量
蜂蜜……15g
朗姆酒……10g
食用油、高筋面粉（或低筋面粉）……各适量

✲ **制作方法**

1. 模具中涂上油，放入冷冻室冷却降温。
2. 将鲜奶油、细砂糖、盐倒入碗中，用打蛋器搅拌 30 秒左右，打发成奶油状。打入鸡蛋，搅拌均匀。
3. 将 A 料筛到步骤 2 的碗中，将柠檬皮擦碎，加入其中。依次添加蜂蜜、朗姆酒，用打蛋器慢慢将面浆搅拌均匀。
4. 在步骤 1 的模具中撒上高筋面粉，用勺子将步骤 3 的面浆分装到各个模具中。
5. 放入 210℃的烤箱中，烘烤 6 分钟。待温度降至 170℃后再烤 6 分钟左右，冷却后将蛋糕从模具中取出。

用透明的甜点袋包装，贴上金色的标签，就可以当作礼物送给亲朋好友了。如果刚烤好的蛋糕不能一下子吃完，可放置于常温下，保质期 3~4 天。

玛德琳蛋糕

不含黄油，用鲜奶油制作出最纯正的味道！可以选用与图中形状类似的模具或用自己喜欢的模具，美味不减分哦。

咖啡坚果玛德琳蛋糕

坚果的香脆和咖啡的微苦均让人回味无穷。
颇有成熟味道的玛德琳蛋糕。

材料（7.7cm×4.8cm×1.5cm 的贝壳形模具，9 个的用量）

鲜奶油……60g
细砂糖……60g
盐……少许
鸡蛋……1 个
A
- 低筋面粉……50g
- 杏仁粉……40g
- 发酵粉……1 小匙
- 咖啡（粉末）……1.5 小匙
- 肉桂粉……少许

咖啡利口酒……1 小匙
食用油、高筋面粉（或低筋面粉）……各适量

坚果焦糖※
杏仁、榛子等自己喜欢的坚果……60g
细砂糖……45g
水饴……15g

※ 适宜操作的分量即可。如有剩余，可淋到纸杯蛋糕（p.18~19）的顶层，之后再进行烘烤，或者添加到戚风蛋糕（p.50）、冰淇淋中。冷冻条件下可保存 2 个月左右。

制作方法

1. 模具中涂上油，放入冷冻室冷却降温。
2. 将鲜奶油、细砂糖、盐倒入碗中，用打蛋器搅拌 30 秒左右，打发成奶油状，打入鸡蛋，搅拌均匀。
3. 将 A 料筛到步骤 2 的碗中，加入咖啡利口酒，用打蛋器慢慢搅拌均匀。
4. 制作坚果焦糖。将坚果去壳后放在 170℃的烤箱中烘烤 15 分钟，烤出焦黄色即可。
5. 将细砂糖和水饴倒入锅中，开火加热至呈褐色，倒入步骤 4 的坚果，关火，搅拌，让坚果均匀裹上焦糖。
6. 在耐热的烤盘中铺上烘焙纸，平铺上步骤 5 做好的坚果焦糖，冷却。
7. 在步骤 1 的模具中撒上高筋面粉，用勺子将步骤 3 的面浆分装到各个模具中。
8. 放入 180℃的烤箱中烘烤 8 分钟左右。淋上步骤 6 的坚果焦糖，入烤箱再烤 4~5 分钟左右。冷却后可将蛋糕从模具中取出。

苹果皇冠蛋糕

形状可爱的皇冠形蛋糕。内馅为酸甜可口的苹果，
做好后送给朋友，肯定备受大家的喜爱。

材料（80mL 的迷你咕咕霍夫模具，8 个的用量）

鲜奶油……100g
砂糖粉……60g
盐……少许
鸡蛋…… 2 个（100g）

A
- 低筋面粉……100g
- 杏仁粉……40g
- 肉桂……1 小匙
- 肉豆蔻……少许
- 发酵粉……1 小匙

葡萄干……50g
朗姆酒……1 小匙
核桃（香烤）※1……20g
涂层用巧克力……100g
食用油……适量

苹果焦糖

苹果 ※2……1 个
细砂糖……2 大匙

※1 如果是自己烘烤的，可去壳后放入160℃的烤箱中烘烤 15 分钟。
※2 建议选用红玉等带有酸味且果肉清脆的苹果品种。

制作方法

1. 制作苹果焦糖。取出苹果核，去皮后切成 12 等份，每块切成 4 等份。将切好的苹果放入平底锅中，开火后撒上细砂糖。用耐热的刮刀搅拌，加热至析出水分、稍稍变色时即可。
2. 将葡萄干洗净，用朗姆酒浸泡。核桃大致切碎。模具上涂一层油。
3. 将鲜奶油、砂糖粉、盐倒入碗中，用打蛋器搅拌 30 秒左右，打发成奶油状。打入鸡蛋，搅拌均匀。
4. 将 A 料筛到步骤 3 的碗中，用橡皮刮刀混合至面粉零星可见时为止。加入步骤 1 的苹果焦糖、步骤 2 的葡萄干和核桃，混合均匀。
5. 用勺子将步骤 4 的面浆分装到步骤 2 的模具中。
6. 放入 180℃的烤箱中烘烤 20 分钟。从模具中取出蛋糕，放在金属网格上冷却。
7. 将涂层用的巧克力切碎，放到耐热的小碗中，用微波炉加热 80~100 秒，在结块之前搅拌均匀。
8. 将步骤 7 的巧克力浇到步骤 6 的蛋糕的顶部。

本次我们使用的是硅胶咕咕霍夫模具。如果在模具中涂少许油，烤好的蛋糕表面就会形成漂亮的纹路。

蛋挞风重料蛋糕

富含酸甜可口的苹果，蛋挞风味的蛋糕。
如果有红玉苹果，一定要试试看哦！

材料（直径 15cm、底面直径 12.8cm 的圆形活底挞模[※1]，1 个的用量）

鲜奶油……100g
细砂糖……90g
盐……少许
鸡蛋……2 个
A
- 低筋面粉……70g
- 高筋面粉……30g
- 杏仁粉……40g
- 发酵粉……1 小匙

卡巴度斯苹果酒（或自己喜欢的洋酒）……1 小匙
食用油……适量
杏子酱、薄荷叶……各适量

糖煮苹果
苹果（红玉[※2]）……4 个
细砂糖……100g
卡巴度斯苹果酒（或自己喜欢的洋酒）……1 大匙

※1 也可用直径 15cm 的圆形模具。
※2 如果使用其他品种的苹果，需要在下述的步骤 2 中加入 1 大匙柠檬汁。

制作方法

1. 模具中涂上油，放入冷冻室冷却降温。
2. 制作糖煮苹果。苹果去皮、核，切成 8 等份，放入平底锅中，开火后撒上细砂糖。用耐热的刮刀搅拌，加热至析出水分、整体变软时即可，倒入卡巴度斯苹果酒。
3. 在步骤 1 的模具底面铺上烘焙纸。将步骤 2 的糖煮苹果倒入其中，整理苹果块，使中间不要留有缝隙。
4. 将鲜奶油、细砂糖、盐倒入碗中，用打蛋器搅拌 30 秒左右，打发成奶油状。打入鸡蛋，搅拌均匀。
5. 将 A 料筛到步骤 4 的碗中，用橡皮刮刀混合至面粉零星可见时即可。倒入卡巴度斯苹果酒，混合均匀。
6. 将步骤 5 的面浆注入步骤 3 的苹果上。
7. 放入 170℃的烤箱中，烘烤 40 分钟，待其冷却后将模具扣到盘子里，从反方向取下模具。按自己的喜好，酌情在蛋糕顶层涂上杏子酱，并放上薄荷叶装饰。

樱桃坚果巧克力蛋糕

拥有松软口感和酸甜味道的圆形蛋糕。
不论是用来招待亲友还是自己食用，都非常不错，是一款值得珍藏的甜点。

✲ 材料（直径 18cm 的圆形模具，1 个的用量）

鸡蛋……2 个
砂糖粉……70g
杏仁粉……35g
苦甜巧克力……70g
鲜奶油……70g
低筋面粉……25g
白兰地……1 小匙
黑樱桃（罐头或冷冻）……16 颗

装饰品
涂层用巧克力……30g
杏仁、榛子、开心果、核桃等自己喜欢的坚果（香烤※）……30g
砂糖粉……适量

※ 如果是自己烘烤的，可去壳后放入 160℃的烤箱中烘烤 15 分钟。

✲ 制作方法

1. 鸡蛋打入碗中，搅拌均匀，加入砂糖粉，用手持搅拌机在高速状态下打发 3~4 分钟，至呈浓稠状。
2. 苦甜巧克力切碎后放入耐热容器中，在容器上蒙上耐高温保鲜膜，用微波炉加热 90~120 秒，在结块之前搅拌均匀。加入鲜奶油，放入微波炉中加热 20 秒，用打蛋器搅拌至顺滑状态（乳化状态）。最后，加入低筋面粉和白兰地，混合均匀。
3. 将杏仁粉加入步骤 1 的碗中，用打蛋器搅拌均匀。
4. 将步骤 3 的材料倒入步骤 2 的耐热容器中，混合均匀，倒回步骤 3 的碗中，打发至气泡细腻、面浆绵柔的状态即可。
5. 在模具底面铺上烘焙纸，注入步骤 4 的面浆，并在面浆上均匀地放上黑樱桃，放入 170℃的烤箱中烘烤 30~35 分钟，取出放凉。
6. 准备装饰品。将涂层用的巧克力切碎，放到耐热的小碗中，用微波炉加热 80~100 秒，在结块之前搅拌均匀。
7. 用抹刀或竹片将步骤 5 中烤熟的蛋糕从模具中取出。顶层淋上步骤 6 涂层巧克力液※作点缀，趁涂层巧克力未干，放上坚果装饰。最后，再按自己的喜好撒上砂糖粉。

※也可用画圆的方法在蛋糕顶层淋上涂层用巧克力，任巧克力浆随意流淌即可。

蔬菜面包

面包中加入五彩斑斓的蔬菜，让人食欲大增。不仅可以当作零食，还可以作为平日的简餐和前菜。

✻ 材料（21cm × 8cm × 6cm 的磅蛋糕模具，1 个的用量）

鲜奶油……100g
砂糖粉……5g
盐……1/2 小匙
鸡蛋……2 个
A 高筋面粉……100g
A 杏仁粉……40g
A 发酵粉……2 小匙
维也纳香肠……100g
西葫芦……1 小个
红椒……1/2 个
黄椒……1/2 个
橄榄油……适量

✻ 制作方法

1. 将维也纳香肠切成 5mm 厚的片状，西葫芦切成 5mm × 5mm 的块状。红椒、黄椒去皮，切成 5mm × 5mm 的块状。
2. 将所有蔬菜炒熟至软。橄榄油倒入平底锅中加热，放入步骤 1 的所有材料翻炒。
3. 将鲜奶油、细砂糖、盐倒入碗中，用打蛋器搅拌 30 秒左右，打发成奶油状，打入鸡蛋，搅拌均匀。
4. 将 A 料筛到步骤 3 的碗中，用橡皮刮刀混合至面粉零星可见时为止。加入步骤 2 的所有材料，混合均匀。
5. 在模具中铺上一层烘焙纸，将步骤 4 的面浆慢慢注入其中。用沾有橄榄油的小刀在面浆中央划出一条裂痕。
6. 放入 170℃的烤箱中，烘烤 45 分钟。

干咖喱咸味蛋糕

烘焙过程简单，早餐即可享用到的鲜香蛋糕。

材料（21cm×8cm×6cm 的磅蛋糕模具，1 个的用量）

鲜奶油……100g
细砂糖……5g
盐……1/2 小匙
鸡蛋……2 个
A 高筋面粉……100g
A 杏仁粉……40g
A 发酵粉……2 小匙
比萨用奶酪……约 100g
橄榄油……适量

干咖喱
猪肉牛肉混合肉末……150g
洋葱……1/2 小个
香菇……2 个
青椒……2 个
咖喱粉……1 小匙
高汤粉……少许
盐、胡椒粉、橄榄油……各适量

制作方法

1. 制作干咖喱。将洋葱、香菇、青椒分别切成碎末。
2. 橄榄油倒入平底锅中加热，放入步骤 1 的洋葱翻炒，撒入少许盐。洋葱变软后加入肉末，撒入少许盐和胡椒粉翻炒。肉末炒熟，加入咖喱粉、高汤粉，最后加入步骤 1 的香菇和青椒翻炒，添加盐和胡椒调味。
3. 将鲜奶油、细砂糖、盐倒入碗中，用打蛋器搅拌 30 秒左右，打发成奶油状。打入鸡蛋，搅拌均匀。
4. 将 A 料筛到步骤 3 的碗中，用橡皮刮刀混合至面粉零星可见时为止。加入步骤 2 的材料，混合搅拌均匀。
5. 在模具中铺上一层烘焙纸，将步骤 4 的面浆慢慢注入其中。用沾有橄榄油的小刀在面浆中央划出一条裂痕。
6. 放入 170℃的烤箱中，烘烤 35 分钟。撒上比萨用奶酪，入烤箱再烤 10 分钟左右。

松软梦幻的甜点

草莓夹层蛋糕

细腻松软的蛋糕，加入新鲜的奶油和草莓。
既简单又精致的甜点，味道和卖相都颇受好评。

✻ **材料**（直径 18cm 的圆形蛋糕模具，1 个的用量）

鸡蛋（整个）……2 个
蛋黄……1 个
细砂糖……65g
盐……少许
鲜奶油……40g
低筋面粉……65g
草莓……1 袋
木莓酱……2 大匙
木莓、蓝莓……各适量

装饰奶油
鲜奶油……220g
牛奶……22g
细砂糖……22g

✻基本的制作方法

1. 将鸡蛋、蛋黄打到碗里，搅拌均匀。

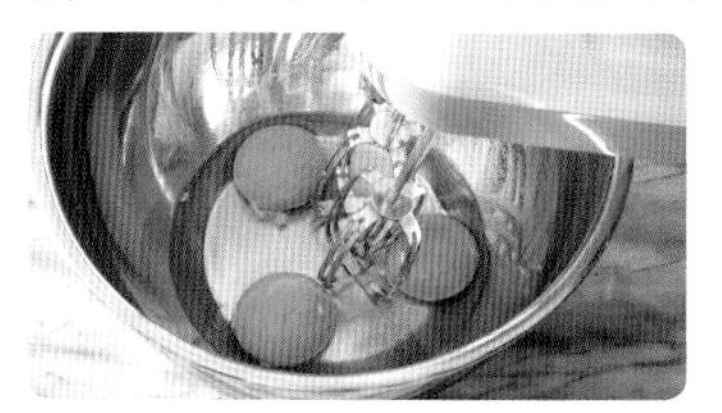

＊让手持搅拌机的搅动棒在低速状态下转动，大致搅拌均匀即可。

2. 加入细砂糖、盐。

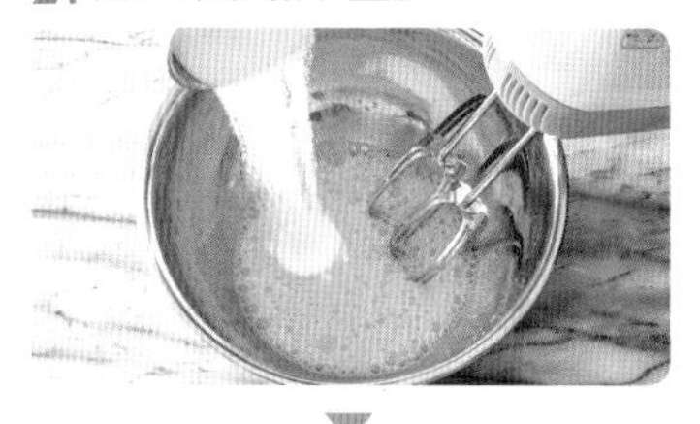

3. 用手持搅拌机在高速状态下打发2分钟，再在低速状态下打发1分钟。

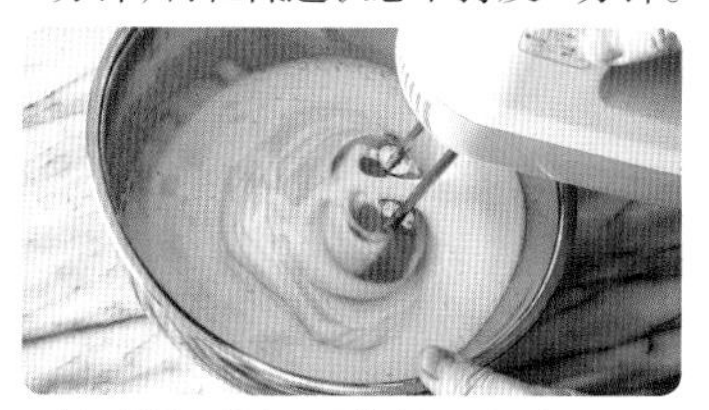

＊中途调节至低速，可使鸡蛋更细腻。

4. 将鲜奶油倒入另一个碗中，用手持搅拌机打至六分发。

＊继续用步骤3手持搅拌机的搅棒，在高速状态下打发。提起搅棒，若之前搅动的痕迹立刻就消失，即可停止搅拌。

5. 在步骤3的碗中一边加入少许低筋面粉，一边用橡皮刮刀混合。

＊将低筋面粉筛滤到打发好的鸡蛋上，把下面的面浆挑起，盖住低筋面粉，混合。切勿用手揉。

6. 将粘在步骤5中橡皮刮刀表面的面浆移到步骤4的碗中，用力搅拌，使刮刀表面的面浆脱落。

＊将粘在橡皮刮刀上的面浆，混入打发好的鲜奶油中。

7. 将步骤6的鲜奶油倒入步骤5的碗中。

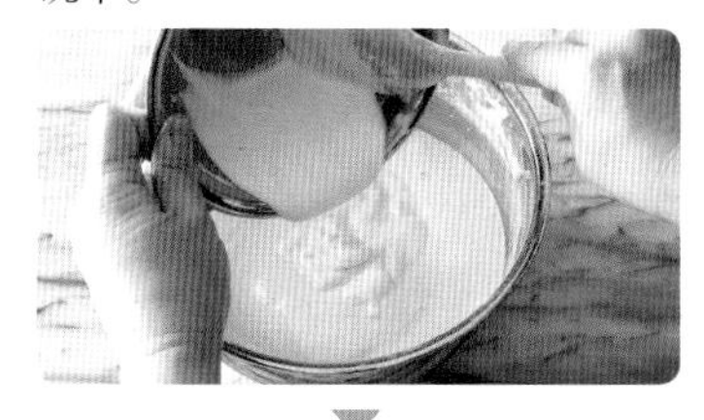

8. 混合均匀。

9. 在模具中铺上纸，慢慢注入步骤8的面浆。

＊图中所示为圆形模具所用的垫纸（底纸和封带）。烘焙纸需要裁剪后再使用。

10. 放入170℃的烤箱中烘烤25分钟。在操作台上磕一下模具，待热气散去后，将模具上下颠倒，取出蛋糕，冷却。

＊用手轻压表面可感觉到弹力且能迅速恢复到原来的状态，就表示烘烤完成。排出空气可以防止烘烤导致的变形，保持整体的形状。在操作台上铺一层烘焙纸，将模具上下颠倒放置，取出蛋糕，这样冷却得更快。

11. 取出7颗草莓备用，剩余的草莓从中间一切两半，将制作装饰奶油的所有材料都倒入碗中，打至六分发（p.3）。将步骤10的蛋糕坯横向从中间切开。

12. 取出一半打至六分发的装饰奶油，剩余的奶油继续打至八分发（p.3），均匀涂抹到下半层的蛋糕坯面上，放上蛋糕的上半层。将之前剩下的打至六分发的装饰奶油均匀涂到整个蛋糕上（如果还有剩余，可稍加打发后倒入装有星形花嘴的裱花袋中，在蛋糕中央裱花）。

13. 用木莓酱装饰，拉出漂亮的花纹，放上剩余的草莓。最后按自己的喜好放上木莓和蓝莓。

＊如果木莓酱太黏稠，可放入微波炉中加热10~20秒，倒入圆锥形的烘焙纸（或裱花袋或料理塑料袋）中，顶端稍稍剪开，裱花时更容易控制。如有剩余，可在草莓上浇一些，让草莓更加有光泽。

巴黎春天

寓意春天的松软蛋糕。新鲜惹眼的草莓，
不经意间散发出香甜的味道，漂亮又可口！

※ 材料（直径 18cm 的天使蛋糕模具，1 个的用量）

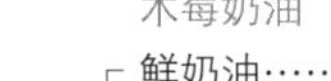

鸡蛋……2 个
蛋黄……1 个
细砂糖……50g
盐……少许
鲜奶油……35g
A［低筋面粉……50g
 杏仁粉……15g］
木莓酱……3 大匙
草莓、木莓、蓝莓等自己喜欢的浆果，食用油，高筋面粉（或低筋面粉）……各适量
鲜奶油、开心果……各适量

木莓奶油
B［鲜奶油……200g
 木莓泥※……30g
 细砂糖……30g
 樱桃白兰地（或自己喜欢的洋酒）……少许］
柠檬汁……适量

※ 也可用新鲜木莓过滤后的酱泥。

※ 制作方法

1. 在模具中涂上油，放入冷冻室冷却降温。
2. 将鸡蛋、蛋黄打到碗里，搅拌均匀，加入细砂糖、盐，用手持搅拌机在高速状态下打发 2 分钟，再在低速状态下打发 1 分钟。
3. 将鲜奶油倒入另一个碗中，用手持搅拌机打至六分发状态（p.3）。
4. 将 A 料筛到步骤 2 的碗中，同时用橡皮刮刀混合。
5. 将粘在橡皮刮刀上的面浆，混入步骤 3 打发好的鲜奶油中。将所有面浆倒入步骤 4 的碗中，混合均匀。
6. 在步骤 1 的模具中撒上高筋面粉，慢慢注入步骤 5 的面浆。
7. 放入 180℃的烤箱中烘烤 25 分钟。将模具上下颠倒放置，冷却。
8. 制作木莓奶油。将 B 料倒入碗中，用低速运转的手持搅拌机或打蛋器，将 B 料打至八分发状态（p.3），加入柠檬汁调味。
9. 将步骤 7 的蛋糕坯从模具中取出，横向从中间切开。在下半层蛋糕坯的横切面均匀地涂上木莓酱，叠放上蛋糕坯的上半部分，给蛋糕坯整体涂上步骤 8 的奶油，酌情用勺子刮出几道弧线。
10. 将鲜奶油打至八分发状态（p.3），倒入装有星形花嘴的裱花袋中，在 5~6 个位置进行裱花。
11. 最后放上其他浆果※，随意撒上切碎的开心果点缀。

※ 用对切开的草莓或整个草莓装饰，会呈现出不同的效果。木莓酱如有剩余，可在草莓上浇一些，让草莓更有光泽。

天使蛋糕模具中心留空，便于烘烤出大而柔软的蛋糕。

巧克力香蕉蛋糕

回味无穷的口感，甜中带苦的巧克力蛋糕，
与香蕉的搭配恰到好处。与亲朋好友们一起品尝吧。

✲ 材料（18cm × 12cm × 5cm 的慕斯圈形模具※，1 个的用量）

鸡蛋（整个）……2 个
蛋黄……1 个
细砂糖……65g
盐……少许
A［低筋面粉……55g
　 可可粉……10g
鲜奶油……40g
香蕉……1 根
涂层用巧克力……200g

巧克力奶油
甜巧克力……80g
牛奶……60g
吉利丁粉……3g
水……9g
鲜奶油……80g
白兰地……1 小匙

※ 可以用边长 15cm 的方形蛋糕模具代替。

✲ 制作方法

1. 将鸡蛋、蛋黄打到碗里，搅拌均匀，加入细砂糖、盐，用手持搅拌机在高速状态下打发 2 分钟，再在低速状态下打发 1 分钟。
2. 将鲜奶油倒入另一个碗中，用手持搅拌机打至六分发状态（p.3）。
3. 将 A 料筛到步骤 1 的碗中，同时用橡皮刮刀混合。
4. 将粘在步骤 3 中橡皮刮刀上的面浆，混入步骤 2 打发好的鲜奶油，将所有面浆倒入步骤 3 的碗中，混合均匀。
5. 模具铺上烘焙纸，放到烤盘里，慢慢注入步骤 4 的面浆。
6. 放入 170℃的烤箱中烘烤 26 分钟。从模具中取出蛋糕坯，上下颠倒放置，冷却。
7. 制作巧克力奶油。在耐热的容器中倒入水，放入吉利丁粉，混合。甜巧克力切碎，加入其中。牛奶用微波炉加热 1 分钟，再添加进去。搅拌混合后如还留有块状，可用微波炉再加热 10 秒钟，继续搅拌混合。如果仍留有块状，则再加热 10 秒钟。当巧克力变得细腻柔滑时加入白兰地，混合均匀。
8. 将鲜奶油倒入另一个碗中，打至六分发状态（p.3）。
9. 当步骤 7 的巧克力奶油冷却至人体温度时，加入步骤 8 的鲜奶油，混合。
10. 香蕉切成 5mm 厚的圆片。
11. 将步骤 6 的蛋糕坯横向切成三等份。将步骤 10 的一半奶油涂到最下层的蛋糕面上，抹匀后将切好的一半香蕉片放到上面。重叠放上第 2 层蛋糕，用同样的方法抹匀奶油，放上香蕉片，最后叠放上顶层的蛋糕，最后放入冰箱中冷藏。
12. 将涂层用的巧克力切碎，放到耐热的小碗中，用微波炉加热 80~100 秒，在结块之前混合均匀，再均匀地淋到步骤 11 的整个蛋糕上。

在烤盘上蒙好保鲜膜，放上金属网格，再放上蛋糕。将巧克力淋在蛋糕上，蛋糕顶层的巧克力会流到侧面。待巧克力凝固后再进行切分。

杏仁蛋糕

烘烤过的杏仁散发着阵阵香气，口感绝妙。
烤好的蛋糕脱模后即可食用，既简单又让人惊喜。

✲ **材料**（直径 18cm 的圆形模具，1 个的用量）

杏仁面浆

A
- 鲜奶油……35g
- 细砂糖……30g
- 水饴……5g
- 蜂蜜（可选）……5g

杏仁片（香烤）※……35g

低筋面粉……8g

杏仁海绵面浆

鸡蛋（整个）……2 个

蛋黄……1 个

细砂糖……50g

盐……少许

鲜奶油……35g

B
- 低筋面粉……50g
- 杏仁粉……15g

※ 如果是自己烘烤的，可放入 160℃的烤箱中烘烤 15 分钟。

✲ **制作方法**

1. 制作杏仁面浆。将杏仁片与低筋面粉混合。将 A 料倒入平底锅中，搅拌均匀，开火加热，再加入杏仁片与低筋面粉，沸腾后关火。
2. 在模具的底面铺上烘焙纸，均匀地注入步骤 1 的面浆，冷却。
3. 制作杏仁海绵面浆。将鸡蛋、蛋黄打到碗里，搅拌，加入细砂糖、盐，用手持搅拌机在高速状态下打发 2 分钟，再在低速状态下打发 1 分钟。
4. 将鲜奶油倒入另一个碗中，用手持搅拌机打至六分发状态（p.3）。
5. 将 B 料一点点筛到步骤 3 的碗中，同时用橡皮刮刀混合。
6. 将粘在橡皮刮刀上的面浆，混入步骤 4 打发好的鲜奶油中。将所有面浆倒入步骤 5 的碗中，混合均匀。
7. 将步骤 6 的面浆慢慢注入步骤 2 的模具中。
8. 放入 180℃的烤箱中烘烤 28 分钟。晾凉，用抹刀或竹片将蛋糕从模具中取出。

放上蛋糕饰品，就和蛋糕店里的商品相差无几啦！

巧克力方块蛋糕

在刚烤好的松软海绵蛋糕中夹入杏子酱，再淋上巧克力，简单又美味。外带时不易变形，非常适合赠送给朋友。

✲ **材料**（18cm×12cm×5cm 的慕斯圈形模具※，1 个的用量）

鸡蛋（整个）……2 个
蛋黄……1 个
细砂糖……65g
盐……少许
低筋面粉……65g
鲜奶油……40g
杏子酱……3 大匙
涂层用巧克力……80g
涂层用白巧克力……30g

※ 可用边长 15cm 的方形模具代替。

✲ **制作方法**

1. 将鸡蛋、蛋黄打到碗里，搅拌均匀，加入细砂糖、盐，用手持搅拌机在高速状态下打发 2 分钟，再在低速状态下打发 1 分钟。
2. 将鲜奶油倒入另一个碗中，用手持搅拌机打至六分发状态（p.3）。
3. 将低筋面粉一点点筛滤到步骤 1 的碗中，同时用橡皮刮刀混合。
4. 将粘在橡皮刮刀表面的面浆，混入步骤 2 中打发好的鲜奶油中，搅拌混合使面浆脱落。将所有面浆倒入步骤 3 的碗中，混合均匀。
5. 模具铺上烘焙纸，放到烤盘里，慢慢注入步骤 4 的面浆。
6. 放入 170℃的烤箱中烘烤 25 分钟。从模具中取出蛋糕坯，上下颠倒放置，晾凉。
7. 将步骤 6 的蛋糕横向从中间切开。下半层蛋糕横切面涂上杏子酱，抹匀，叠放上半层海绵蛋糕。
8. 将涂层用的巧克力切碎，放到耐热的小碗中，倒入 60℃的热水使其化开，在结块之前搅拌均匀。涂层用的白色巧克力放到另一个耐热小碗中，同样也加入热水，在结块之前搅拌均匀。
9. 将步骤 8 涂层用的巧克力淋到步骤 7 蛋糕的整个表面上。而涂层用的白巧克力则是随意淋在几个地方，用竹签拉出花纹※。
10. 巧克力凝固后即可按自己的喜好将蛋糕切成各种形状，注意要露出蛋糕的横断面。

※ 先用白色的巧克力斜着划出平行线，留出一定间隔，再用竹签沿垂直方向移动，拉出整齐的花纹。

可先在模具中铺上烘焙纸再放到烤盘里，也可先将模具放到烤盘里再铺烘焙纸。本书中在烘烤巧克力香蕉蛋糕（p.33）时也用到此模具。

✲ **材料**（用边长 30cm 的正方形烤盘制作面浆，1 个的用量）

鸡蛋（整个）……2 个
蛋黄……1 个
细砂糖……50g
盐……少许
鲜奶油……35g

A［低筋面粉……50g
 杏仁粉……15g］
杏子酱……2 大匙
菠萝（切薄片）……4 片
橘子、草莓、薄荷叶……各适量

卡仕达奶油啫喱
B［蛋黄……1 个
 细砂糖……25g］
牛奶……120g
低筋面粉……4g
吉利丁粉……5g
水……15g

✲ **制作方法**

1. 将鸡蛋、蛋黄打到碗里，搅拌均匀，加入细砂糖、盐，用手持搅拌机在高速状态下打发 2 分钟，再在低速状态下打发 1 分钟。
2. 将鲜奶油倒入另一个碗中，用手持搅拌机打至六分发状态（p.3）。
3. 将 A 料一点点筛到步骤 1 的碗中，同时用橡皮刮刀混合。
4. 将粘在橡皮刮刀表面的面浆，混入步骤 2 中打发好的鲜奶油中，搅拌混合使面浆脱落。将所有面浆倒入步骤 3 的碗中，混合均匀。
5. 烤盘铺上烘焙纸，慢慢注入步骤 4 的面浆。
6. 放入 180℃的烤箱中烘烤 12 分钟左右。用与菠萝切片大小相当的模具或木碗，在蛋糕上压出 8 个圆形蛋糕坯。
7. 制作卡仕达奶油啫喱。将吉利丁粉倒入水中，混合溶解。将 B 料倒入耐热容器中，用打蛋器将其搅拌成蛋黄酱状；撒入低筋面粉，混合搅匀后，慢慢注入牛奶，同时继续搅拌。面浆变得细滑后，用微波炉加热 90 秒，加入吉利丁溶液后再加热 30 秒，搅拌溶解。
8. 将步骤 6 的两块圆形蛋糕坯重叠放置，中间夹入杏子酱。
9. 放上菠萝片，均匀地淋上步骤 7 的卡仕达奶油啫喱，最后放上去皮的橘子瓣、草莓和薄荷叶加以装饰。

将金属网格放在烤盘里，将蛋糕放在网格上，慢慢地淋上卡仕达奶油啫喱。

菠萝冻

浇上卡仕达奶油啫喱，美味醇香。
这是一款复古又可爱精致的蛋糕。

水果卷

颜色缤纷的水果，为蛋糕卷增添了几分华丽，
把它带到派对上和大家分享吧。

※**材料**（25cm × 29cm 的烤盘，1 个的用量）

鸡蛋……3 个
细砂糖……60g
盐……少许
低筋面粉……60g

草莓……2 大个
奇异果……1/2 个
黄桃（罐头）……1 个

装饰奶油
鲜奶油……150g
细砂糖……15g

※基本的制作方法

1. 将鸡蛋打到碗里，搅拌均匀。

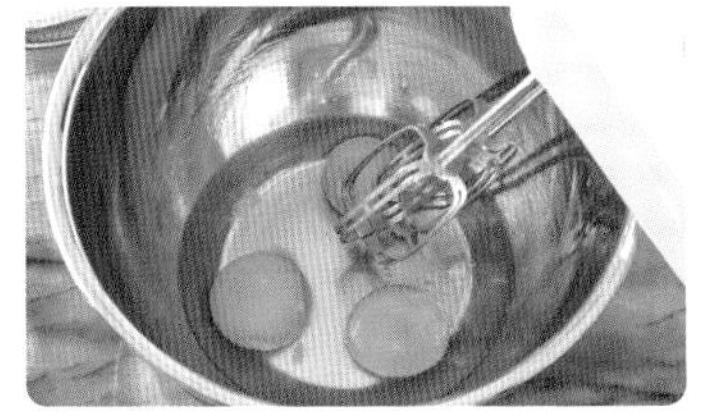

*让手持搅拌机的搅动棒在低速状态下转动，大致搅拌均匀即可。

2. 加入细砂糖、盐。

3. 用手持搅拌机在高速状态下打发 2 分钟，再在低速状态下打发 1 分钟。

*中途调节至低速，可使蛋浆更细腻。

4. 将所有低筋面粉筛滤到步骤 3 的碗中。

5. 用打蛋器一圈一圈地慢慢搅拌均匀。

*用打蛋器挑起面浆，若面浆迅速掉落且面浆总量增加 2/3 时即可停止。

6. 在烤盘里铺上烘焙纸，慢慢注入步骤 5 的面浆。

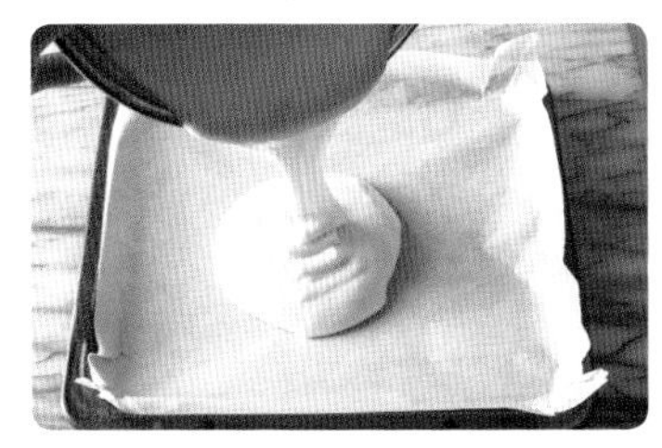

*烘焙纸的光滑面朝上。

7. 用橡皮刮刀将边角的面浆抹匀，让整体厚度一致。面浆的厚度控制在 5cm 左右，排出空气后放入 180℃的烤箱中，烘烤 10~12 分钟。将蛋糕坯连同烘焙纸一起从烤盘中取出，蛋糕坯上面蒙上一层保鲜膜。连同保鲜膜一同扣出来，再蒙上一层保鲜膜，防止蛋糕坯变干，静置冷却。

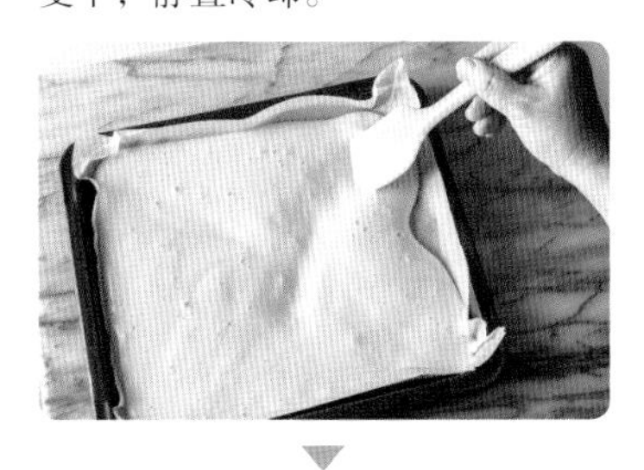

8. 将草莓、奇异果、黄桃切成弧形。将制作装饰奶油的所有材料倒入碗中，打至八分发状态（p.3）。从烘焙纸和保鲜膜中取出蛋糕，终点部分（短边）切斜面，并将此边置于制作者身体外侧。

*把粘在保鲜膜上烤焦的部分去掉，留下白色的部分，看起来更美观。此面朝上，放在烘焙纸上。

9. 将装饰奶油全部涂到步骤 8 的蛋糕坯上。

*靠近身体的内侧稍微多涂一些，卷的时候会更加容易。

10. 沿横长方向放上草莓、奇异果、黄桃。

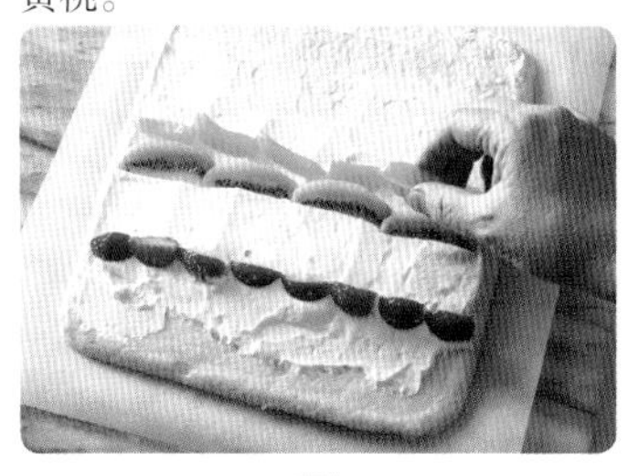

11. 从内侧开始卷。

*中间不要留有缝隙。

12. 蛋糕卷最末端朝下，直接用烘焙纸包好，入冰箱冷藏，食用前切分好即可。

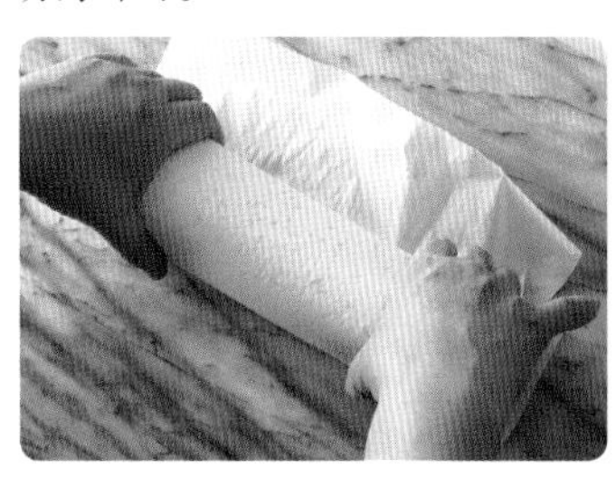

橙皮坚果卷

令人意外的食材组合，却搭配出恰到好处的美味。
选用两种奶油，享受不同口感呈现的细腻变化。

材料（25cm×29cm 的烤盘，1 个的用量）

鸡蛋……3 个
细砂糖……60g
盐……少许
低筋面粉……60g
橙皮（切丁）※……30g
橙子……1 个
香蕉果肉……25cm（1~2 根）

坚果奶油
杏仁糖酱（或花生酱）……50g
鲜奶油……50g

装饰奶油
鲜奶油……100g

※ 切成 5mm 见方的小块，以能浸泡在洋酒中为宜。

制作方法

1. 橙皮洗净，滤干水。在烤盘中铺上烘焙纸，撒上橙皮。
2. 鸡蛋打到碗里，搅拌均匀，加入细砂糖、盐，用手持搅拌机在高速状态下打发 2 分钟，再在低速状态下打发 1 分钟。
3. 将低筋面粉筛滤到步骤 2 的碗中，用打蛋器一圈一圈地慢慢搅拌均匀。
4. 将步骤 3 的面浆注入步骤 1 的烤盘中。用橡皮刮刀将边角的面浆抹匀，让整体厚度一致。面浆的厚度控制在 5cm 左右，排出空气后放入 180℃的烤箱中，烘烤 10~12 分钟。将蛋糕连同烘焙纸一起从烤盘中取出，蛋糕坯上面蒙上一层保鲜膜。连同保鲜膜一同扣在案板上，再蒙上一层保鲜膜，防止蛋糕坯变干，静置冷却。
5. 橙子去皮（最好用刀切开），分好果瓣。将制作坚果奶油的所有材料混合。将制作装饰奶油的材料倒入碗中，打至八分发状态（p.3）。从烘焙纸和保鲜膜中取出步骤 4 的蛋糕，终点部分（短边）切斜面，并将此边置于制作者身体外侧。
6. 将坚果奶油涂到步骤 5 的蛋糕上，在靠身体内侧的 1/3 处重叠涂上装饰奶油。沿横长方向放上去皮的香蕉、橙子。从内侧开始卷，终点部分朝下，直接用烘焙纸包好、冷藏，食用前切分好即可。

用烘焙纸包好，
放入冰箱中冷藏。

✲ **材料**（25cm×29cm 的烤盘，1 个的用量）

鸡蛋……3 个
细砂糖……60g
盐……少许
低筋面粉……60g
白豆沙栗子酱※、小糖球
（白色、粉色）……各适量

栗子奶油
白豆沙栗子酱※……100g
鲜奶油……100g

装饰奶油
鲜奶油……100g

放在扁平的盘子里，直接卷起来，再稍加点缀即成。

✲ **制作方法**

1. 将鸡蛋打到碗里，搅拌均匀，加入细砂糖、盐，用手持搅拌机在高速状态下打发 2 分钟，再在低速状态下打发 1 分钟。
2. 将低筋面粉筛滤到步骤 1 的碗中，用打蛋器一圈一圈地慢慢搅拌均匀。
3. 烤盘里铺上烘焙纸，将步骤 2 的面浆注入其中。用橡皮刮刀将边角的面浆抹匀，让整体厚度一致。面浆的厚度控制在 5cm 左右，排出空气后放入 180℃的烤箱中，烘烤 10~12 分钟。将蛋糕连同烘焙纸一起从烤盘中取出，蛋糕坯上面蒙上一层保鲜膜。连同保鲜膜一同扣出来，再蒙上一层保鲜膜，防止蛋糕坯变干，静置冷却。
4. 将制作栗子奶油的所有材料混合（搅拌均匀，变得细滑时即可停止）。将制作装饰奶油的材料倒入碗中，打至八分发状态（p.3）。
5. 从烘焙纸和保鲜膜中取出步骤 3 的蛋糕，沿横长方向放好，切成宽 4cm 的长条（将 4cm×25cm 的 7 根长条排列整齐）。将步骤 4 的栗子奶油均匀地涂抹在蛋糕长条上。
6. 将其中 1 根长条卷起，放到盘子中央。剩余的长条沿年轮状一圈圈卷起。将步骤 4 的装饰奶油倒入装有扁齿花嘴的裱花袋中，在侧面裱花。
7. 可根据自己的喜好，用保鲜膜包住白豆沙栗子酱，制作成蘑菇的形状，用小糖球装饰蘑菇表面，放到步骤 6 的蛋糕上※。

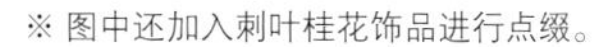

※ 图中还加入刺叶桂花饰品进行点缀。

树桩卷

宛如树桩的蛋糕。白豆沙栗子奶油搭配鲜奶油，既新颖又美味！一圈一圈卷起的制作方法简单易学。

生巧克力卷

用两种巧克力制作出让人心动不已的蛋糕！
榛子的香脆和脆米片的口感，完美诠释出这款蛋糕卷的奢华。

材料（25cm×29cm 的烤盘，1 个的用量）

鸡蛋……3 个
细砂糖……60g
盐……少许
A 低筋面粉……55g
A 可可粉……5g
脆米片 ※1（或饼干屑）……20g
牛奶巧克力……40g
榛子酱（或花生酱）……20g

巧克力慕斯
甜巧克力……70g
牛奶……50g
吉利丁粉……2g
水……6g
鲜奶油（乳脂含量 35%※2）……90g

※1 将烤香的可丽饼磨碎即可。
※2 如果选用乳脂含量 47% 的鲜奶油，可在 70g 的奶油中加入 20g 牛奶，味道与乳脂含量 35% 的鲜奶油相似。

制作方法

1. 将鸡蛋打到碗里，搅拌均匀，加入细砂糖、盐，用手持搅拌机在高速状态下打发 2 分钟，再在低速状态下打发 1 分钟。
2. 将 A 料筛到步骤 1 的碗中，用打蛋器一圈一圈地慢慢搅拌均匀。
3. 烤盘里铺上烘焙纸，将步骤 2 的面浆注入其中。用橡皮刮刀将边角的面浆抹匀，让整体厚度一致。面浆的厚度控制在 5cm 左右，排出空气后放入 180℃的烤箱中，烘烤 10~12 分钟。将蛋糕连同烘焙纸一起从烤盘中取出，蛋糕坯上面蒙上一层保鲜膜。连同保鲜膜一扣出来，再蒙上一层保鲜膜，防止蛋糕坯变干，静置冷却。
4. 将牛奶巧克力与榛子酱放入耐热的碗中，用微波炉加热 80~100 秒，在结块之前混合均匀，加入脆米片，搅拌均匀。
5. 从烘焙纸和保鲜膜中取出步骤 3 的蛋糕坯，终点部分（短边）切斜面，并将此边置于制作者身体的外侧。涂上一层薄薄的步骤 4 中做好的酱料。
6. 制作巧克力慕斯。在耐热的碗中倒入水，加入吉利丁粉搅匀。将甜巧克力切碎后放入其中。
7. 用微波炉将牛奶加热 1 分钟，倒入步骤 6 的碗中。混合均匀后若还留有结块，可用微波炉再加热 10 秒钟。如果仍有结块，可继续加热 10 秒钟。
8. 将鲜奶油倒入另一个碗中，打至六分发状态（p.3）。
9. 当步骤 7 的混合物冷却至人体温度时，将步骤 8 的奶油加入其中，混合均匀。将碗底放入冰水中冷却。
10. 待步骤 9 的慕斯凝固后，将其涂到步骤 5 蛋糕坯靠身体内侧的 1/3 处。迅速卷起蛋糕，终点部分朝下，直接用烘焙纸包好、冷藏，食用前切分好好即可。

※ 图中所示为切分好的蛋糕，另加入迷迭香（分量外）点缀。

樱桃卷

用巴伐利亚布丁包住酸酸的樱桃，卷成蛋糕卷。
使用吉利丁制作，待其凝固后就可以轻松卷起来。

✻ **材料**（25cm×29cm 的烤盘，1 个的用量）

鸡蛋……3 个
细砂糖……60g
盐……少许
A［低筋面粉……55g
　可可粉……5g］
樱桃（罐头）……25 颗

香草巴伐利亚布丁
蛋黄……1 个
B［牛奶……40g
　细砂糖……25g］
香草荚……2cm
（或两滴香草油）
吉利丁粉……3g
水……9g
鲜奶油……100g

✻ **制作方法**

1. 将鸡蛋打到碗里，搅拌均匀，加入细砂糖、盐，用手持搅拌机在高速状态下打发 2 分钟，再在低速状态下打发 1 分钟。
2. 将 A 料筛到步骤 1 的碗中，用打蛋器一圈一圈地慢慢搅拌均匀。
3. 烤盘里铺上烘焙纸，注入步骤 2 的面浆。用橡皮刮刀将边角的面浆抹匀，让整体厚度一致。面浆的厚度控制在 5cm 左右，排出空气后放入 180℃的烤箱中，烘烤 10~12 分钟。将蛋糕连同烘焙纸一起从烤盘中取出，蛋糕坯上面蒙上一层保鲜膜。连同保鲜膜一同扣出来，再蒙上一层保鲜膜，防止蛋糕坯变干，静置冷却。
4. 制作香草巴伐利亚布丁。将吉利丁粉筛滤到水中，溶解。将 B 料倒入锅中，从豆荚中取出香草籽，放入锅中，加入蛋黄搅拌，开火加热至 80℃，最后倒入吉利丁溶液，混合均匀后关火冷却。
5. 将鲜奶油倒入另一个碗中，打至六分发状态（p.3）。
6. 当步骤 4 的布丁液冷却至人体温度时，将步骤 5 奶油加入其中，混合均匀。将碗底放入冰水中冷却。
7. 从烘焙纸和保鲜膜中取出步骤 3 的蛋糕，终点部分（短边）切斜面，并将此边置于制作者的身体外侧。当步骤 6 的巴伐利亚布丁凝固后，将其涂到蛋糕内侧的 1/3 处，两颗樱桃一组，嵌入布丁里。将蛋糕坯迅速卷起，终点部分朝下，直接用烘焙纸包好、冷藏，食用前切分好即可。

西柚白巧克力蛋糕卷

西柚的清爽苦味搭配牛奶般丝滑的白巧克力慕斯，造就这样一款清新脱俗的蛋糕卷。

材料（25cm×29cm 的烤盘，1 个的用量）

鸡蛋……3 个
细砂糖……60g
盐……少许
低筋面粉……60g
西柚（白色果肉和红玉色果肉）……1 个
鲜奶油、细砂糖、西柚、柠檬皮……各适量

白巧克力慕斯
白巧克力……80g
牛奶……60g
吉利丁粉……3g
水……9g
鲜奶油（乳脂含量 35%※）……80g

※ 如果选用乳脂含量 47% 的鲜奶油，可在 60g 的奶油中加入 20g 牛奶，味道与乳脂含量 35% 的鲜奶油相似。

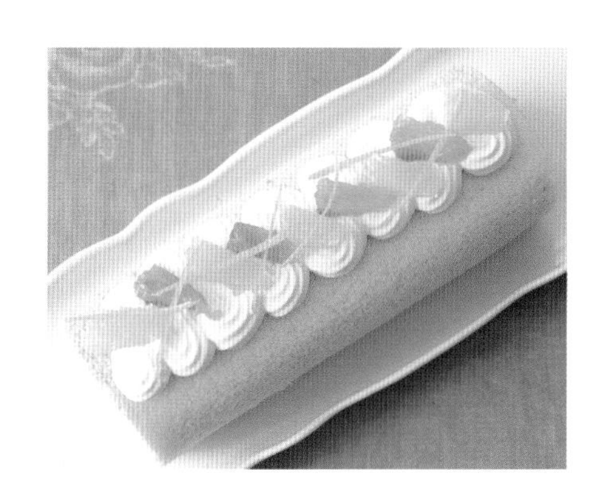

制作方法

1. 将鸡蛋打到碗里，搅拌均匀，加入 60g 细砂糖及少许盐，用手持搅拌机在高速状态下打发 2 分钟，再在低速状态下打发 1 分钟。
2. 将低筋面粉筛滤到步骤 1 的碗中，用打蛋器一圈一圈地慢慢搅拌均匀。
3. 烤盘里铺上烘焙纸，注入步骤 2 的面浆。用橡皮刮刀将边角的面浆抹匀，让整体厚度一致。面浆的厚度控制在 5cm 左右，排出空气后放入 180℃的烤箱中，烘烤 10~12 分钟。将蛋糕连同烘焙纸一起从烤盘中取出，在蛋糕坯上面蒙上一层保鲜膜。连同保鲜膜一同扣出来，蛋糕坯底部再蒙上一层保鲜膜，防止蛋糕坯变干，静置冷却。
4. 制作白巧克力慕斯。在耐热的小碗中倒入水，加入吉利丁粉搅匀。白巧克力切碎后加入其中。
5. 用微波炉将牛奶加热 1 分钟，倒入步骤 4 的碗中。混合均匀后若还留有结块，可用微波炉再加热 10 秒钟。如果仍有结块，可继续加热 10 秒钟。
6. 将鲜奶油倒入另一个碗中，打至六分发状态（p.3）。
7. 当步骤 5 的混合物冷却至人体温度时，将步骤 6 的奶油加入其中，混合均匀。将碗底放入冰水中冷却。
8. 西柚去皮，用刀切成小块。
9. 从烘焙纸和保鲜膜中取出步骤 3 的蛋糕，终点部分（短边）切斜面，并将此边置于制作者身体外侧。待步骤 7 的慕斯凝固后，将其涂到蛋糕内侧的 1/3 处，两块西柚一组，嵌入慕斯里。迅速卷起，终点部分朝下，直接用烘焙纸包好、冷藏，食用前切分即可。
10. 按自己的喜好加以装饰。将鲜奶油和细砂糖（重量为鲜奶油的 1/10）倒入碗中，打至八分发状态（p.3）。倒入装有扁齿花嘴的裱花袋中，先去掉步骤 9 蛋糕外面的烘焙纸，再在上面裱花。将西柚皮和柠檬皮切丝，放在上面加以点缀。

菠萝奶油奶酪蛋糕

清爽的菠萝奶油奶酪蛋糕。不善于手工制作蛋糕卷的朋友，可以用模具做出漂亮的外形。

半月形模具除可用于制作无法卷起来的蛋糕卷外，还可以用于冷甜点和前菜的定型，是非常方便的模具。

材料（21cm×8cm×5.5cm 半月形模具，1 个的用量）

（面浆用 25cm×29cm 的烤盘制作，1 块的用量）

鸡蛋……3 个
细砂糖……60g
盐……少许
低筋面粉……60g
鲜奶油、细砂糖、菠萝、开心果……各适量

奶酪慕斯

A［奶油奶酪……60g
　 酸奶……15g

B［蛋黄……1/2 个
　 细砂糖……30g

牛奶……50g
吉利丁粉……3g
水……9g
鲜奶油……60g
柠檬汁……1/2 小匙
菠萝（切薄片）……3 片

制作方法

1. 将鸡蛋打到碗里，搅拌均匀，加入 60g 细砂糖和少许盐，用手持搅拌机在高速状态下打发 2 分钟，再在低速状态下打发 1 分钟。
2. 将低筋面粉筛滤到步骤 1 的碗中，用打蛋器一圈一圈地慢慢搅拌均匀。
3. 烤盘里铺上烘焙纸，注入步骤 2 的面浆。用橡皮刮刀将边角的面浆抹匀，让整体厚度一致。面浆的厚度控制在 5cm 左右，排出空气后放入 180℃的烤箱中，烘烤 10~12 分钟。将蛋糕连同烘焙纸一起从烤盘中取出，在蛋糕坯上面蒙上一层保鲜膜。连同保鲜膜一同扣出来，蛋糕坯底部再蒙上一层保鲜膜，防止蛋糕变干燥，静置冷却。
4. 制作奶酪慕斯。将吉利丁粉筛滤到水中，溶解。将 B 料倒入锅中，加入少许牛奶，搅拌均匀，开火加热至 80℃，最后倒入吉利丁溶液，混合均匀后关火冷却。
5. 将 A 料倒入碗中，用打蛋器搅拌至细滑。将 3 片菠萝切成 5~8mm 厚的块。
6. 将鲜奶油倒入另一个碗中，打至六分发状态。
7. 当步骤 4 的慕斯液冷却至人体温度时，将其倒入到步骤 5 的碗中。放入步骤 5 的菠萝、步骤 6 的奶油及柠檬汁，混合均匀。将碗底放入冰水中冷却。
8. 模具蒙上保鲜膜，从步骤 3 的蛋糕中切下一块，大小为 21cm×14.5cm，放入模具中。从剩余的蛋糕中切一块 21cm×5.5cm 的长条※。
9. 将步骤 7 的慕斯塞入步骤 8 的蛋糕中，放上 21cm×5.5cm 的长条蛋糕。蒙上保鲜膜，冷藏，食用前取出即可。
10. 按自己的喜好加以装饰。将鲜奶油和细砂糖（重量为鲜奶油的 1/10）倒入碗中，打至八分发状态（p.3），再倒入装有圣安娜花嘴的裱花袋中，先去掉步骤 9 蛋糕外面的模具和保鲜膜，再在有弧度的一面裱花。最后放上切成小块的菠萝和开心果碎粒加以点缀。

※ 将剩下的蛋糕撕成小块，与自己喜欢的水果和装饰奶油一起放入玻璃杯中，制作成乳脂松糕，也非常美味哦。

抹茶红豆蛋糕塔

抹茶风味浓郁的蛋糕卷。带着这款蛋糕塔去参加生日派对，一定会让大家惊喜万分，和伙伴们一起享受装饰的乐趣吧。

✲ **材料**（25cm×29cm 的烤盘，1 个的用量）

鸡蛋……3 个
细砂糖……60g
A［低筋面粉……60g
　抹茶粉……2 小匙
豆沙馅（或豆粒馅）
……150g

抹茶、食用金箔
……各适量

装饰奶油
鲜奶油……200g

✲ **制作方法**

1. 将鸡蛋打到碗里，搅拌均匀，加入细砂糖、盐，用手持搅拌机在高速状态下打发 2 分钟，再在低速状态下打发 1 分钟。
2. 将 A 料筛到步骤 1 的碗中，用打蛋器一圈一圈地慢慢搅拌均匀。
3. 烤盘里铺上烘焙纸，注入步骤 2 的面浆。用橡皮刮刀将边角的面浆抹匀，让整体厚度一致。面浆的厚度控制在 5cm 左右，排出空气后放入 180℃的烤箱中，烘烤 10~12 分钟。将蛋糕连同烘焙纸一起从烤盘中取出，在蛋糕坯上面蒙上一层保鲜膜。连同保鲜膜一同扣出来，在蛋糕坯底部再蒙上一层保鲜膜，防止蛋糕坯变干，静置冷却。
4. 将 150g 鲜奶油倒入碗中，打至八分发状态（p.3）。
5. 从烘焙纸和保鲜膜中取出步骤 3 的蛋糕，终点部分（长边）切斜面，并将此边置于制作者的身体外侧。豆沙馅倒入装有扁齿花嘴（或者直径 1cm 的圆形花嘴）的裱花袋中，在蛋糕的上方、横向裱出 9 根长条。涂上步骤 4 中打至八分发状态的装饰奶油。从内侧开始一圈一圈将蛋糕卷起，终点处朝下，直接用烘焙纸包好，放入冰箱冷藏，食用前切分好即可。
6. 可将剩余的 50g 鲜奶油打至六分发状态（p.3）。将步骤 5 的蛋糕切成易食用的大小，放入盘里，淋上六分发的装饰奶油。酌情撒上抹茶，放上金箔点缀。（如右侧上图）

香蕉戚风蛋糕

绵软可口，直径 15cm 的香蕉戚风蛋糕最适合用作伴手礼。
朋友肯定会好奇地问：“你做的是什么风味的蛋糕？”

※ **材料**（直径 15cm 的戚风蛋糕模具，2 个的用量）

蛋黄……4 个
蛋清……5 份
细砂糖……105g
食用油……60g
水……40g
香蕉果肉……120g（1~2 根）
低筋面粉……95g

※基本的制作方法

1. 用叉子压碎香蕉果肉。

* 全部压碎，不要留有结块。

▼

2. 蛋清倒入碗中，用手持搅拌机打发至泛白状态。

* 碗的侧面挂着蛋白，能看见细小微粒时即可停止。

▼

3. 将 65g 细砂糖分 3 次加入，打发至蛋白可挂在搅棒上为止。

* 打发出细滑光泽时，先暂停搅拌机，确认蛋白是否能立起来，而非绵软状态。将碗稍微倾斜，如果里面的蛋白不流动，即成蛋白泡沫。

▼

4. 将蛋黄倒入另一个碗中，搅拌。

* 直接用步骤 *3* 的搅棒，在低速状态下将蛋黄搅拌均匀。

▼

5. 加入 40g 细砂糖，用手持搅拌机将其搅拌成蛋黄酱。

* 提起搅棒时，若之前搅动的痕迹立即消失，即可停止搅拌。

▼

6. 换用打蛋器，倒入食用油后混合，再加水继续混合。放入步骤 *1* 的香蕉果肉，混合均匀。

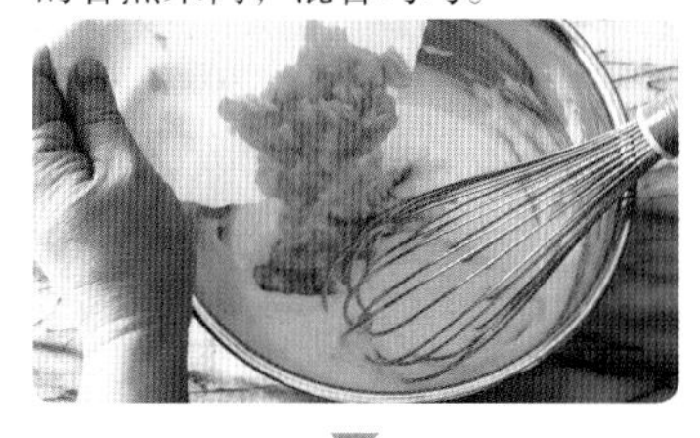

▼

7. 将低筋面粉筛滤到步骤 *6* 的碗中。

▼

8. 搅拌均匀，直至面粉完全融入其中。

▼

9. 用打蛋器将步骤 *3* 的蛋白泡沫挑出一点，放入步骤 *8* 的碗中，混合均匀。

* 由下往上充分混合，搅拌均匀。

▼

10. 将步骤 *9* 的混合物倒入步骤 *3* 的碗中。

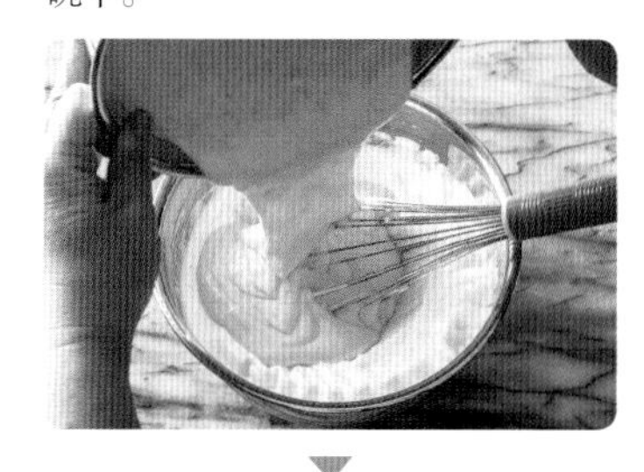

▼

11. 混合搅拌。

* 待白色的面筋完全消失后，用打蛋器挑起一点，如果呈糊状往下落即可停止。

▼

12. 将步骤 *11* 的面浆注入模具中。

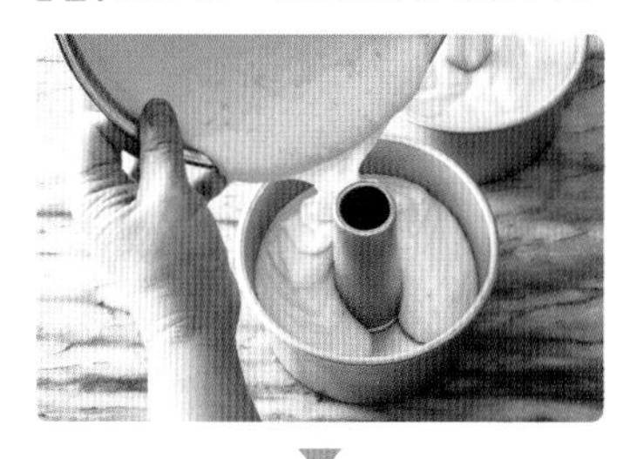

▼

13. 用竹签慢慢地在面浆周围搅动，使面浆的高度保持一致。放入 170℃的烤箱中烘烤 35 分钟。取出模具后上下颠倒放置，静置冷却。

▼

14. 将模具恢复原状，用抹刀将其从模具中取出。

浓郁辛香戚风蛋糕

略带成熟味道的戚风蛋糕。
可酌情调换使用的香料。

✲材料（直径 15cm 的戚风蛋糕模具，2 个的用量）

蛋黄……4 个
蛋白……5 份
细砂糖……105g
食用油……60g
水……40g

A
- 肉桂粉……1 小匙
- 肉豆蔻粉、胡椒等自己喜欢的香料……共计 1 小匙※
- 低筋面粉……95g

鲜奶油、肉桂粉、肉桂皮、意大利香芹……各适量

※ 图中所示的蛋糕中包括肉豆蔻粉、胡椒粉、姜粉，各 1/3 小匙。另外推荐使用多香果、丁香、白豆蔻等香料。

✲制作方法

1. 将蛋清倒入碗中，用手持搅拌机打发至泛白状态。
2. 将 65g 细砂糖分 3 次加入其中，同时继续打发至蛋白可挂在搅棒上为止。
3. 将蛋黄倒入另一个碗中，搅拌均匀，加入 40g 细砂糖，直接用步骤 2 的手持搅拌机将其搅拌成蛋黄酱。
4. 换用打蛋器，倒入油后混合，加水继续混合。
5. 将 A 料筛到步骤 4 的碗中，搅拌混合至面粉消失。
6. 用打蛋器将步骤 2 的蛋白泡沫挑出一点，放入步骤 5 的碗中，混合搅拌。将所有面浆倒入步骤 2 的碗中，混合搅拌。
7. 将步骤 6 的面浆注入模具中，用竹签慢慢地在面浆周围搅动，使面浆的高度保持一致，放入 170℃的烤箱中烘烤 35 分钟。取出后将模具上下颠倒放置，静置冷却。
8. 按自己的喜好，将装饰用鲜奶油打至八分发状态（p.3）。
9. 将步骤 7 的模具恢复原状，用抹刀将蛋糕从模具中取出，切成适口的大小，放到盘子里。酌情在步骤 8 的奶油中撒上肉桂粉，用肉桂皮和意大利香芹加以点缀。

材料（直径 15cm 的戚风蛋糕模具，2 个的用量）

蛋黄……4 个
蛋清……5 份
细砂糖……105g
食用油……60g
水……40g
A［低筋面粉……95g
　 抹茶粉……2 小匙］
甜纳豆……2 大匙

装饰奶油
鲜奶油……200g
牛奶……20g

制作方法

1. 将蛋清倒入碗中，用手持搅拌机打发至泛白状态。
2. 将 65g 细砂糖分 3 次加入其中，继续打发至蛋白可挂在搅棒上为止。
3. 将蛋黄倒入另一个碗中，搅拌均匀，加入 40g 细砂糖，直接用步骤 2 的手持搅拌机将其搅拌成蛋黄酱。
4. 换用打蛋器，倒入油后混合，加水继续混合。
5. 将 A 料筛到步骤 4 的碗中，搅拌混合至面粉消失。
6. 用打蛋器将步骤 2 的蛋白泡沫挑出一点，放入步骤 5 的碗中混合。将所有面浆倒入步骤 2 的碗中，混合搅拌，最后加入甜纳豆，混匀。
7. 将步骤 6 的面浆注入模具中，用竹签慢慢地在面浆周围搅动，使面浆的高度保持一致。放入 170℃的烤箱中烘烤 35 分钟，取出，将模具上下颠倒，静置冷却。
8. 将制作装饰奶油的材料放入碗中，打至六分发状态（p.3）。
9. 将步骤 7 的模具恢复原状，用抹刀将蛋糕从模具中取出。放上步骤 8 的奶油，涂抹均匀。

抹茶戚风蛋糕

颜色鲜艳的抹茶与洁白的奶油搭配出美妙之感。即便放入冰箱中，蛋糕也不易变硬，是招待亲友的最佳甜点。

甘薯橘子蛋饼

回味香甜的轻蛋糕。
甘薯口感绵密，与新鲜的奶油和水润的橘子搭配，堪称完美。

※ 材料（约 12cm × 10cm 的椭圆形蛋饼，4 个的用量）

蛋黄……2 个
蛋清……2 份
细砂糖……24g
A ┌ 低筋面粉……12g
　 └ 玉米粉……10g
甘薯（金时甘薯等）……1 根
橘子……1 个
栀子果实（可选）……1 个

装饰奶油
鲜奶油……100g
细砂糖……10g

※ 制作方法

1. 将蛋清倒入碗中，用手持搅拌机打发至泛白状态。将一半的细砂糖（12g）分 2 次加入其中，继续打发至蛋白可挂在搅棒上为止。
2. 将蛋黄倒入另一个碗中，搅拌均匀，加入细砂糖，直接用步骤 *1* 的手持搅拌机将其搅拌成蛋黄酱。
3. 将 A 料筛到步骤 *2* 的碗中，用打蛋器搅拌均匀。
4. 用打蛋器将步骤 *1* 的蛋白泡沫挑出一点，放入步骤 *3* 的碗中，混合。将所有面浆倒入步骤 *1* 的碗中，混合搅拌，倒入直径 1cm 圆形花嘴的裱花袋中。
5. 烤盘里铺上烘焙纸，用步骤 *4* 的面浆裱出约 12cm × 10cm 的椭圆形，放入 170℃ 的烤箱中烘烤 12 分钟，直至烤出焦黄色。取出蛋饼和烘焙纸，轻轻蒙上保鲜膜，静置冷却。
6. 甘薯切成圆片，放入锅中。栀子果实从中间切开，加入锅中，添加适量水（分量外），开火煮。用竹签插一下甘薯，如果能完全穿过即表明煮好。取出甘薯，将其中一半用细眼筛子滤干水。
7. 将所有制作装饰奶油的材料倒入碗中，打至八分发状态（p.3），倒入装有星形花嘴的裱花袋中。
8. 将步骤 *6* 中的甘薯放到步骤 *5* 的蛋饼上，轻轻对折。用步骤 *7* 的奶油裱花，用去皮的橘子和剩下的甘薯加以装饰。

制作蛋饼时，如图所示，一圈一圈地裱花。（步骤 *5*）

✲ **材料**（约 12cm×10cm 的椭圆形蛋饼，4 个的用量）

蛋黄……2 个
蛋清……2 份
细砂糖……24g
A［低筋面粉……12g
　 玉米粉……10g
白桃（罐头）……1/2 个

奶酪奶油
奶油奶酪……100g
细砂糖……18g
鲜奶油……20g

✲ **制作方法**

1. 将蛋清倒入碗中，用手持搅拌机打发至泛白状态。将一半的细砂糖（12g）分 2 次加入其中，打发至蛋白可挂在搅棒上为止。
2. 将蛋黄倒入另一个碗中，搅拌均匀，加入细砂糖，直接用步骤 *1* 的手持搅拌机将其搅拌成蛋黄酱。
3. 将 A 料筛到步骤 *2* 的碗中，换用打蛋器，搅拌均匀。
4. 用打蛋器将步骤 *1* 的蛋白泡沫挑出一点，放入步骤 *3* 的碗中混合。将所有面浆倒入步骤 *1* 的碗中，混合搅拌，将其倒入直径 1cm 的圆形花嘴裱花袋中。
5. 烤盘里铺上烘焙纸，用步骤 *4* 的面浆裱出约 12cm×10cm 的椭圆形面浆饼，一共制作 4 个，放入 170℃的烤箱中烘烤 12 分钟，直至烤出焦黄色。取出蛋饼和烘焙纸，轻轻蒙上保鲜膜，静置冷却。
6. 制作奶酪奶油。将奶油奶酪倒入碗中，加入细砂糖，用打泡器搅拌至细滑。加入鲜奶油，混合，倒入星形花嘴的裱花袋中，放入冰箱冷藏。
7. 白桃切成四等份。
8. 在步骤 *5* 的蛋饼偏中央处用步骤 *6* 的奶油裱花。将蛋饼卷成锥形蛋筒状，包住奶油和步骤 *7* 的白桃。最后，用步骤 *6* 的奶油在顶端裱花。

※ 也可先将烘焙纸卷成锥形，再把圆形蛋饼放入其中，然后用白桃和奶油装饰。

桃子奶酪蛋卷

桃子与奶酪的味道完美结合。简单又浓郁的奶酪奶油，加上松软的蛋卷，美味停不下来。

椰林飘香

想象着椰林树影、椰子和菠萝鸡尾酒，
制作出可一口吃下的可爱甜点。

✲ **材料**（直径约 5cm 的面饼 30 块，直径 4.5cm 的蛋挞形啫喱 15 个，15 个的用量）

蛋黄……2 个
蛋清……2 份
细砂糖……24g
A 低筋面粉……12g
A 玉米粉……10g
菠萝（切薄片）……3 片
砂糖粉……适量

椰子啫喱
B 牛奶……230g
B 椰子奶粉……42g
B 细砂糖……23g
吉利丁粉……5g
水……15g
椰子利口酒（可选）……少许

✲ **制作方法**

1. 将蛋清倒入碗中，用手持搅拌机打发至泛白状态。将一半的细砂糖（12g）分 2 次加入其中，打发至蛋白可挂在搅棒上为止。

2. 将蛋黄倒入另一个碗中，搅拌均匀，加入细砂糖，用步骤 *1* 的手持搅拌机将其搅拌成蛋黄酱。

3. 将 A 料筛到步骤 *2* 的碗中，换用打蛋器，搅拌均匀。

4. 用打蛋器将步骤 *1* 的蛋白泡沫挑出一点，放入步骤 *3* 的碗中混合。将所有面浆倒入步骤 *1* 的碗中，混合搅拌，倒入直径 1cm 的圆形花嘴裱花袋中。

5. 烤盘里铺上烘焙纸，用步骤 *4* 的面浆裱出直径 5cm 的圆形面浆饼，一共制出 30 块面饼。撒上砂糖粉，放入 170℃的烤箱中，烘烤 10~12 分钟。

6. 制作椰子啫喱。将吉利丁粉筛滤到水中，混合均匀。将 B 料倒入锅中，混合后开火，沸腾后关火，倒入吉利丁溶液搅匀，再添加椰子利口酒。将啫喱液注入模具中，放到冰箱里冷却凝固。凝固后可切成四边形或切成自己喜欢的形状，一共制作 15 个。

7. 菠萝片切成 5 等份。

8. 用 2 块步骤 *5* 的面饼夹住步骤 *6* 的椰子啫喱。放上步骤 *7* 的菠萝，插上小叉子加以装饰。

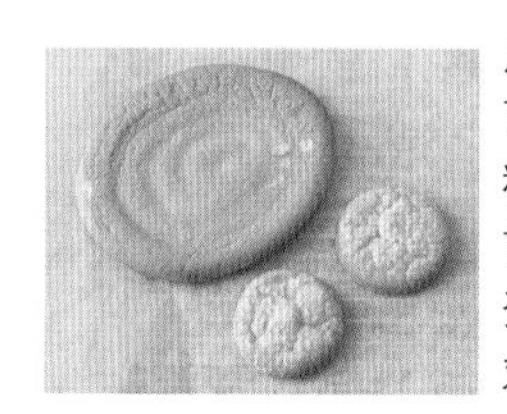

用面糊裱出圆形面饼，撒上砂糖粉再烘烤。（与前一页的椭圆形蛋饼放在一起，对比如图）

薄饼风煎蛋饼

试试看，将酥松的煎蛋饼制作成薄饼吧！
配合味道浓郁的橙子奶油，享受简单美味。

材料（直径约 10cm 的蛋饼，4 个的用量）

蛋黄……2 个
蛋清……2 份
细砂糖……24g
A［低筋面粉……12g
　玉米粉……10g
橙子、榛子（香烤）等自己喜欢的坚果和意大利香芹等香草……各适量

橙子奶油
B［蛋黄……1 个
　细砂糖……20g
低筋面粉……8g
橙汁……90g

装饰奶油
鲜奶油……50g
细砂糖……5g

可可酱
可可粉……10g
水……10g
细砂糖……10g

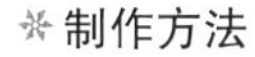

制作方法

1. 将蛋清倒入碗中，用手持搅拌机打发至泛白状态。将一半的细砂糖（12g）分 2 次加入其中，继续打发至蛋白可挂在搅棒上为止。
2. 将蛋黄倒入另一个碗中，搅拌均匀，加入细砂糖，用步骤 1 的手持搅拌机将其搅拌成蛋黄酱。
3. 将 A 料筛到步骤 2 的碗中，换用打蛋器，搅拌均匀。
4. 用打蛋器将步骤 1 的蛋白泡沫挑出一点，放入步骤 3 的碗中混合。将所有面浆倒入步骤 1 的碗中，混合搅拌，倒入直径 1cm 的圆形花嘴裱花袋中。
5. 烤盘里铺上烘焙纸，用步骤 4 的面浆裱出直径 10cm 的圆形面浆，一共制作 4 个面浆饼，撒上砂糖粉，放入 170℃的烤箱中烘烤 12 分钟，直至烤出焦黄色。
6. 制作橙子奶油。将 B 料倒入碗中，用打蛋器搅拌成蛋黄酱。将低筋面粉筛滤至碗中，混合后加入橙汁，搅拌均匀。用细眼滤网过滤到锅中，开火加热。倒入烤盘中，蒙上保鲜膜，盘底放入冰水中冷却。
7. 将制作装饰奶油的所有材料倒入碗中，打至八分发状态（p.3）。将制作可可酱的所有材料搅拌混合。
8. 将制作可可酱的所有材料混合，搅拌均匀，用微波炉将可可酱加热 10 秒钟。
9. 在盘子中放上一块步骤 5 的面饼，加上步骤 6 的橙子奶油，放入另一块面饼。用勺子取步骤 7 的奶油，放到面饼上，淋上可可酱※装饰。按自己的喜好，放上去皮的橙子块、坚果和香草点缀。

※ 将可可酱倒入锥形的烘焙纸（或裱花袋或料理用塑料袋）中，顶端稍微剪开后进行裱花。

橙子奶油也可用于手指泡芙（p.73）中，也可用来代替菠萝冻（p.37）中所用的杏子酱。

香橙酸奶水果布丁

这是用甜中带酸的橙子制作而成的甜点。
制作时要注意保持干净。

※ **材料**（直径 5.5cm 的慕斯圈型模具，4 个的用量）

蛋黄……1 个
蛋清……1 份
细砂糖……20g
低筋面粉……20g
砂糖粉……适量
白桃（适量）、薄荷叶……各适量

香橙酸奶慕斯

A［酸奶……125g
A［细砂糖……35g

吉利丁粉……3g
水……10g
鲜榨橙汁……50g
橙子利口酒（或自己喜欢的洋酒）
……1/2 小匙
鲜奶油（乳脂含量 35%※）……50g

※ 如果选用乳脂含量 47% 的鲜奶油，可在 40g 的奶油中加入 10g 牛奶，味道与乳脂含量 35% 的鲜奶油相似。

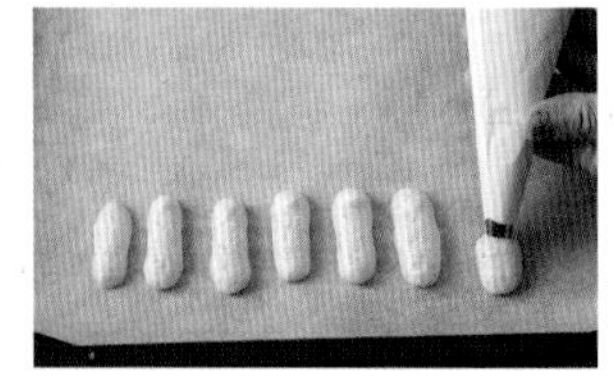

用裱花袋将面浆裱成棒条，如图所示。

※ **制作方法**

1. 在慕斯圈型模具的一侧蒙上保鲜膜，用橡皮筋固定（用作底面）。
2. 制作香橙酸奶慕斯。将 A 料倒入碗中，混合均匀。
3. 在另一个碗中倒入水，将吉利丁粉筛滤到碗中，搅拌，加入热水（温度约为 60℃），搅至细滑状态即可。
4. 用打蛋器将步骤 2 的酸奶慕斯挑出一点，放入步骤 3 的碗中，混合。将所有混合物倒入步骤 2 的碗中，搅拌，再加入鲜榨的橙汁和橙子利口酒，混合均匀。
5. 将鲜奶油放入干净的空碗中，打至六分发状态（p.3）。倒入步骤 4 的碗中，搅拌成糊状，将碗底置于冰水中冷却。冷却后倒入模具中，再放到冰箱中冷却凝固。
6. 将蛋白倒入干净的空碗中，用手持搅拌机打发至泛白状态。将一半的细砂糖（12g）分 2 次加入其中，打发至蛋白可挂在搅棒上为止。加入蛋黄，搅拌混合。
7. 将低筋面粉筛滤至步骤 6 的碗中，用橡皮刮刀搅拌均匀。倒入直径 1cm 的圆形花嘴裱花袋中。
8. 烤盘里铺上烘焙纸，用步骤 7 的面浆裱出长 5cm 的棒条。撒上砂糖粉，放入 170℃的烤箱中烘烤 10~12 分钟。
9. 步骤 5 的慕斯完全凝固，将其放到盘子里，取下模具，在慕斯周围贴上步骤 8 的棒条。可按自己的喜好，将切成薄片的白桃做成花朵的样子，再放上薄荷叶装饰，最后缠上丝带。

卡布奇诺水果布丁

加入香料的咖啡慕斯散发出阵阵醇香，
配上简单的面饼，就制成了这款令人回味的甜点。

※ 材料（直径 5.5cm 的慕斯圈型模具，3 个的用量）

蛋黄……1 个
蛋清……1 份
细砂糖……30g
A［低筋面粉……30g
　 杏仁粉……15g
砂糖粉……适量
香蕉、薄荷叶……各适量

卡布奇诺巴伐利亚布丁
牛奶……75g
B［咖啡（粉末）……3g
　 肉桂粉……少许
C［蛋黄……1 个
　 细砂糖……30g
吉利丁粉……4g
水……15g
咖啡利口酒……10g
鲜奶油（乳脂含量 35%※）
……100g
细砂糖……10g

※ 如果选用乳脂含量 47% 的鲜奶油，可在 75g 的奶油中加入 15g 牛奶，味道与乳脂含量 35% 的鲜奶油相似。

※ 制作方法

1. 在慕斯圈型模具的一侧蒙上保鲜膜，用橡皮筋固定（用作底面）。
2. 制作卡布奇诺巴伐利亚布丁。牛奶用微波炉加热 1 分钟，加入 B 料，搅匀。
3. 将吉利丁粉筛滤到水中，混合。
4. 将 C 料倒入碗中，用打蛋器搅拌成蛋黄酱，加入步骤 2 的布丁液后移到锅里，开小火加热。用普通的耐热刮刀搅拌，同时加热，但不要沸腾（以 80℃为标准）。变成糊状后关火，加入步骤 3 的吉利丁溶液、咖啡利口酒，混合均匀。
5. 将鲜奶油和细砂糖倒入空碗中，打至六分发状态（p.3）。
6. 待步骤 4 冷却至常温后，将其加到步骤 5 的碗中。碗底放入冰水中冷却。搅拌成糊状，倒入模具中，放到冰箱中冷却凝固。
7. 将蛋白倒入干净的空碗中，用手持搅拌机打发至泛白状态。将一半的细砂糖（12g）分 2 次加入其中，打发至蛋白可挂在搅棒上为止，加入蛋黄，搅拌混合。
8. 将 A 料筛至步骤 7 的碗中，换用橡皮刮刀，搅拌均匀，倒入装有圣安娜花嘴或直径 1cm 的圆形花嘴的裱花袋中。
9. 烤盘里铺上烘焙纸，用步骤 8 的面浆裱出长 5cm 的泪滴状面饼（或 5cm 的棒条），撒上砂糖粉，放入 170℃的烤箱中烘烤 10~12 分钟。
10. 待步骤 6 的巴伐利亚布丁完全凝固后，将其放到盘子里，取下模具，在布丁周围贴上步骤 9 的面饼。按自己的喜好，将切成薄片的香蕉放到布丁上，再放上薄荷叶装饰，最后缠上丝带。

玛格丽特

刚出炉的蛋糕口味新鲜。
简单的甜点，用可爱的模具烘烤出来，也是一种享受哦。

※材料（直径17cm的玛格丽特模具，1个的用量）

蛋黄……3个
蛋清……2份
细砂糖……80g
柠檬汁……1小匙
白奶酪（或脱水酸奶※）……90g
橄榄油……2大匙
高筋面粉……50g
低筋面粉……1小匙
菠萝……60g
食用油、高筋面粉、砂糖粉……各适量

※180g的酸奶脱水后重量可减为原来的一半，即90g。（将滤网放到深一些的容器上，铺一层较厚的厨房用纸，再放上酸奶，放到冰箱中搁置一晚）

花朵形状的玛格丽特模具，也称为雏菊模具。

※制作方法

1. 模具涂上油，放到冰箱中冷却降温。菠萝切成1cm见方的小块，撒上低筋面粉。
2. 将蛋清倒入碗中，用手持搅拌机打发至泛白状态。将50g细砂糖分3次加入其中，继续打发至蛋白可挂在搅棒上为止。
3. 将蛋黄倒入另一个碗中，搅拌均匀，加入30g细砂糖，用步骤2的手持搅拌机将其搅拌成蛋黄酱。依次加入柠檬汁、白奶酪、橄榄油和50g高筋面粉，同时用打蛋器混合。
4. 用打蛋器将步骤2的蛋白泡沫挑出一点，放入步骤3的碗中，混合均匀。将步骤3小碗中所有面浆倒入步骤2的碗中，混合搅拌。
5. 在步骤1的模具中撒上高筋面粉，缓慢平滑地注入步骤4的面浆，再撒上步骤1的菠萝。
6. 放入170℃的烤箱中烘烤35分钟左右。
7. 从模具中取出，冷却，最后撒上砂糖粉。

胡萝卜挞

富含大量胡萝卜的蛋糕，口感细腻。我曾在维也纳吃过，
一直念念不忘它的味道，于是尝试做了这款蛋糕。

※ **材料**（直径 19.5cm、底面直径 17.5cm 的圆形活底挞模 ※1，1 个的用量）

蛋黄……2 个
蛋清……2 份
细砂糖……80g

A
- 朗姆酒……1 小匙
- 肉桂粉……少于 1 小匙 ※2
- 肉豆蔻粉……1 小撮 ※2

柠檬皮……少许

B
- 低筋面粉……50g
- 烘焙粉……1 小匙
- 杏仁粉……100g

胡萝卜……100g
食用油……适量
杏仁膏、食用色素（红色和黄色）、细叶芹……各适量

糖衣
砂糖粉……30g
蛋清……6g

※1 如果没有圆形挞模，可选用直径 18cm 的圆形模具。
※2 肉桂粉与肉豆蔻粉加起来大概是 1 小匙。

※ **制作方法**

1. 模具涂上油，放到冰箱中冷却降温。胡萝卜切成碎末。
2. 将蛋清倒入碗中，用手持搅拌机打发至泛白状态。将 50g 细砂糖分 3 次加入其中，打发至蛋白可挂在搅棒上为止。
3. 将蛋黄倒入另一个碗中，搅拌均匀，加入 30g 细砂糖和 A 料，均匀撒上柠檬皮，用步骤 2 中的手持搅拌机将其搅拌成蛋黄酱。
4. 将步骤 3 的混合材料加入步骤 2 的碗中，换用打蛋器搅拌均匀。将 B 料筛到碗中，加入步骤 1 的胡萝卜后混合均匀。
5. 步骤 1 的模具底面铺上烘焙纸，注入步骤 4 的面浆。
6. 放入 170℃的烤箱中，烘烤 30 分钟左右。
7. 制作糖衣。将筛滤后的砂糖粉与蛋清混合均匀，如果太干可加入少许水（分量外），稍微稀释。
8. 将步骤 7 的糖衣 ※ 淋到步骤 6 的蛋挞上点缀。可按自己的喜好将杏仁膏与微量的色素混合，制作成小胡萝卜的形状，加细叶芹进行装饰。

※ 可将烘焙纸（或裱花袋或料理用塑料袋）剪成圆形，再折叠成锥形，倒入糖衣。顶端稍微剪去一点，裱花时就会更容易。

奶酪蛋糕

将所有材料混合在一起烘焙出的蛋糕，简单方便。
用热水加热，蛋糕会更松软哦。

※ **材料**（直径 15cm 的圆形模具，1 个的用量）

A ┌ 奶油奶酪……200g
　 └ 细砂糖……70g
酸奶油……100g
鸡蛋（整个）……1 个
蛋清……1 份
玉米粉……10g
杏子酱……1 大匙

※ **制作方法**

1. 将 A 料倒入碗中，轻轻转动手持搅拌机的搅棒，将材料混合均匀。
2. 依次加入酸奶油、鸡蛋、玉米粉，用手持搅拌机搅匀。
3. 模具里铺上纸（垫纸或烘焙纸），注入步骤 2 的面浆 ※1。
4. 将步骤 3 的模具放入大两圈的耐热容器 ※2 中，并在耐热容器中注入热水，至容器的 2/3 处（注意不要把热水倒入模具中）。
5. 将步骤 4 的容器放入 160℃的烤箱中烘烤 35 分钟，调高温度至 170℃，烘烤 10 分钟。
6. 将烤好的蛋糕放入冰箱冷藏，食用前涂上杏子酱。

※1 如果是底面分离的模具，稍后不可直接从底面注入热水，需要用铝箔将底面包住。
※2 也可以用口深且热水不容易溢出来的不锈钢容器。

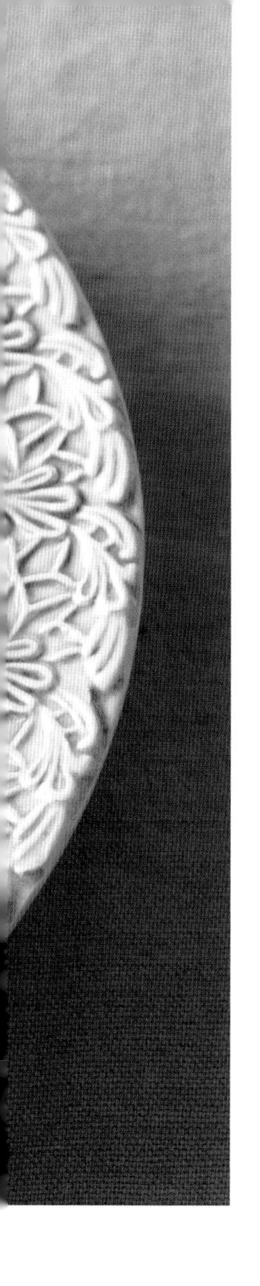

奶酪蛋糕条

无须用热水加温的奶酪蛋糕，直接烘焙，味道更浓郁醇厚。脆皮奶酥的口感也非常棒。

※ **材料**（18cm×12cm×5cm 的慕斯圈型模具，1 个的用量※）

A［奶油奶酪……120g
　 细砂糖……55g

酸奶油……80g
鸡蛋（整个）……1 个
蛋黄……1 个
玉米粉……12g
葡萄干……20g
朗姆酒……1/2 小匙

脆皮奶酥

B［低筋面粉……30g
　 高筋面粉……30g
　 杏仁粉……60g
　 砂糖粉……40g
　 盐……1 小撮
　 肉桂粉……1/2 小匙

食用油……30g

※ 可用边长 15cm 的方形模具代替。

※ **制作方法**

1. 制作脆皮奶酥。将 B 料倒入碗中，用打蛋器混合，加入食用油，继续搅拌至糊状。
2. 模具里铺上烘焙纸，放到烤盘里，加入步骤 1 中一大半的脆皮奶酥（120g），压平，放入 180℃的烤箱中烘烤 15 分钟。
3. 葡萄干洗净，用朗姆酒浸泡。
4. 将 A 料倒入碗中，轻轻转动手持搅拌机的搅棒，将材料混合均匀，依次加入酸奶油、鸡蛋和蛋黄、玉米粉，同时用手持搅拌机搅匀。
5. 将步骤 3 的葡萄干撒到步骤 2 的脆皮奶酥上面，慢慢注入步骤 4 做好的奶酪，加入剩余的脆皮奶酥，放到 180℃的烤箱中烘烤 30 分钟左右。从模具中取出蛋糕，以适合的宽度切分好即可。

绝味法式咸派

周末早、午餐时最受欢迎的法式咸派。即便没有黄油，也能制作出绝赞的味道！秘密就在烘烤的方法里。

将蛋挞模具上下颠倒放置，放上面饼后再进行烘烤。这样会烘烤得更透彻，挞皮也会更酥松。

※材料（直径 8cm 的蛋挞模具，6 个的用量）

A
- 高筋面粉……80g
- 发酵粉……1 小匙
- 细砂糖……5g
- 盐……1 小撮

鲜奶油……80g
蛋黄……1 个
食用油……适量

内馅
洋葱……40g
培根（切薄片）……60g
盐、胡椒……各少许
食用油……适量

蛋奶液
鸡蛋……1½ 个
鲜奶油……100g
奶酪碎末（格里尔干酪等）……25g
盐、胡椒、肉豆蔻……各少许

※制作方法

1. 将 A 料放到砧板上，将粉末的中央空出来，倒入鲜奶油。将周围的粉末一点点混入其中，最后揉成一整块面团。
2. 用保鲜膜将步骤 1 的面团包住，压成 2~3mm 厚的面饼。撕掉保鲜膜，用直径 10cm 的菊花形模具或木碗压出 6 块挞皮。
3. 将蛋挞模具上下颠倒放置，模具外侧涂上油。烤盘里铺上烘焙纸，将挞皮面团扣到模具外侧，放入 180℃的烤箱中烘烤 15 分钟。（如左下图）
4. 制作内馅。将洋葱切碎，培根切成 1cm 见方的小块。平底锅内倒入油，加热后将洋葱和培根翻炒至软，撒上盐和胡椒。
5. 将制作蛋奶液的所有材料倒入碗中，混合均匀。
6. 从模具中取出步骤 3 的挞皮，内侧涂上蛋黄液，放入 180℃的烤箱中烘烤 2 分钟。
7. 将步骤 4 的内馅放入步骤 6 的挞皮中，注入步骤 5 的蛋奶液，放入 180℃的烤箱中烘烤 20 分钟左右。

✲ **材料**（直径 8cm 的蛋挞模具，8 个的用量）

A
- 低筋面粉……120g
- 奶油奶酪……120g
- 发酵粉……1 小匙
- 细砂糖……20g
- 盐……1 小撮

蛋黄……1 个
食用油……适量

内馅
蟹味菇、栗蘑、口蘑等菌类……180g
大蒜……1/4 瓣
洋葱……20g
西红柿……1 个
盐、胡椒……各 1 小撮
食用油……适量

蛋奶液
鸡蛋……1½ 个
鲜奶油……100g
奶酪碎末（格里尔干酪等）……25g
盐、胡椒、肉豆蔻……各少许

✲ **制作方法**

1. 将 A 料倒入和面机中，搅拌成一整块。
2. 用保鲜膜将步骤 1 的面团包住，压成 2~3mm 厚的面饼。撕掉保鲜膜，用直径 10cm 的菊花形模具或木碗压出 8 块挞皮。
3. 将蛋挞模具上下颠倒放置，模具外侧涂上油。烤盘里铺上烘焙纸，将步骤 2 的挞皮面团扣到模具外侧，放入 180℃的烤箱中烘烤 15 分钟。
4. 制作内馅。将大蒜、洋葱切碎，西红柿切成弧形后再对半切开。取下蘑菇柄，将蘑菇撕碎或切成薄片。平底锅中倒入油加热，翻炒蘑菇至水分蒸发，再放入大蒜、洋葱、西红柿翻炒，撒上盐和胡椒。
5. 将制作蛋奶液的所有材料倒入碗中，混合均匀。
6. 从模具中取出步骤 3 的挞皮，内侧涂上蛋黄液，放入 180℃的烤箱中烘烤 2 分钟。
7. 步骤 4 的内馅放入步骤 6 的挞皮中，注入步骤 5 的蛋奶液，放入预热至 180℃的烤箱中烘烤 20 分钟。

脆皮蘑菇法式咸派

在挞皮中加入奶酪，酥松香脆。
与蘑菇搭配出的美味，不输给品牌店的出品。

奶酪条

好吃到停不下来的咸味点心。
既可以当点心，又可以作下酒的小食。

材料（长约 15cm 的棒条，30 根的用量）

- A
  - 高筋面粉……80g
  - 烘焙纸……1 小匙
  - 盐……1 小匙
- 鲜奶油……80g
- 奶酪碎末……80g

制作方法

1. 将 A 料放到砧板上，将粉末的中央空出来，倒入鲜奶油。将周围的粉末一点点混入其中，最后揉成一整块面团。
2. 用保鲜膜将步骤 *1* 的面团包住，压成 2~3mm 厚的面饼。撕掉保鲜膜后撒上奶酪碎末，用折叠的方法揉匀。用保鲜膜包住面饼，压平成扁平的四边形。撕掉保鲜膜，将面饼切分成 15cm × 1cm 的棒条。一共可切 30 根左右。
3. 烤盘里铺上烘焙纸，将步骤 *2* 的棒条拧扭后放到烤盘里，放入 190℃ ~200℃的烤箱里，烘烤 12 分钟左右。

酥脆甜点

榛子脆饼

面饼中经过深度烘烤的蛋清与砂糖，加上香酥的坚果，
演绎松脆二重奏。味道很甜，时不时会想再吃一次。

✲ **材料**（直径约 7cm 的脆饼，14 块的用量）

蛋清……36g（约 1 份）
砂糖粉……150g
低筋面粉……44g
榛子坚果（去皮、香烤）※……100g

※ 如果是自己烘烤的，可去壳后放入 150℃的烤箱中烘烤 15 分钟。也可用带皮的杏仁代替。

✲ **制作方法**

1. 将砂糖粉筛滤到碗中，加入蛋清后用手持搅拌机混合。
2. 将低筋面粉筛滤至步骤 1 的碗中。榛子大致切碎，放入其中，用橡皮刮刀搅拌均匀。
3. 烤盘里铺上烘焙纸。用咖喱勺将步骤 2 的面浆挑起，再用另一把勺子将面浆分放到烤盘里（每份约 20g）。每块面浆中间留出间隔，用勺背将面浆压平成直径 6cm 的圆形面浆。一共可制作 14 块。
4. 放入 160℃的烤箱中烘烤 30 分钟，取出后冷却干燥即可。

砂糖粉的用量较多，需要用手持搅拌机将其与蛋清混合。

椰子马卡龙

在椰子中加入蛋清和砂糖，经过烘烤制成的经典甜点。制作时稍微控制了一下甜度。

材料（约 30 个的用量）

蛋清……32g（约 1 份）
细砂糖……50g
椰蓉……50g

制作方法

1. 将蛋清和细砂糖倒入锅中，混匀后用小火加热。
2. 细砂糖溶解后关火，加入椰蓉，搅拌均匀，用小火加热 30~60 秒，椰蓉糖浆变黏稠※后关火。
3. 烤盘里铺上烘焙纸。用勺子挑起步骤 2 的面浆，再用另一把勺子将面浆分放到烤盘里（每份约 4g）。每块面浆中间留出间隔，用勺子将面浆调整成圆形（刚开始较热，需要注意）。一共制作 30 个左右。
4. 放入 160℃的烤箱中烘烤 20 分钟，取出，冷却干燥即可。

※ 加热过度会使蛋清凝固，要特别注意。

椰蓉由椰子的果实部分干燥后切碎制成，也称椰麸。切得稍微长一些的称椰丝，制成粉末状则称椰子粉，种类繁多。

榛子曲奇棒

甜味适中、口感略硬的曲奇。
你一定会爱上榛子的香脆和肉桂的浓香。

材料（长约 11.5cm 的曲奇棒，48 根的用量※1）

榛子坚果（去皮、香烤）※2……100g
鲜奶油……100g
黄蔗糖……120g
鸡蛋……1 个

A
- 低筋面粉……180g
- 裸麦粉……30g
- 发酵粉……1 小匙
- 肉桂粉……1 大匙

※1 下述步骤 3 中，如将面饼切分成 15cm 的长条，可烘烤出 30 根长约 16.5cm 的曲奇棒。
※2 如果是自己烘烤的，可去壳后放入 150℃的烤箱中烘烤 15 分钟。直接购买去皮榛子更方便。

制作方法

1. 将鲜奶油、黄蔗糖倒入碗中，用打蛋器搅拌 30 秒，打发成奶油状，打入鸡蛋，混合均匀。
2. 将 A 料筛到步骤 1 的碗中，加入榛子后搅拌均匀。将面浆倒入料理用塑料袋中，压平成厚 1cm 的面饼，平着放入冰箱中※。
3. 面饼凝固后，切成 10cm × 1cm 的长条。一共可切 48 根左右。
4. 烤盘里铺上烘焙纸。将步骤 3 的长条面棒横切面向上、并排放入烤盘中，注意留出间隔。放入 160℃的烤箱中烘烤 30 分钟左右。取出后冷却干燥即可。

※ 如果一时做不完，可以在冰箱中保存三周左右。

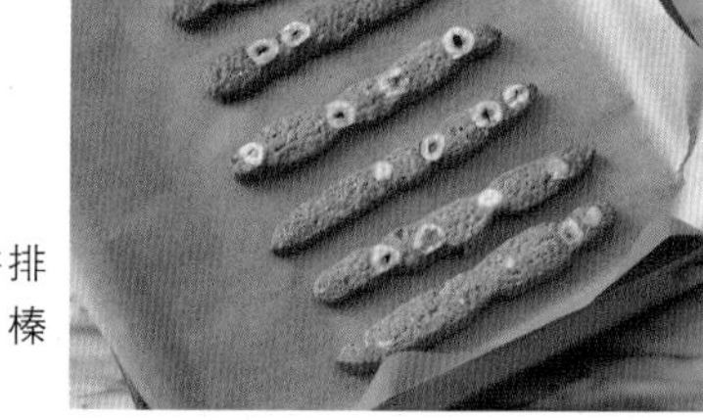

将面棒的横切面向上、并排放入烤盘中，然后烘烤。榛子看起来非常醒目。

美式曲奇

初学者也可以轻松制成的曲奇。
馅料可根据自己的喜好更换，一起来试试吧！

※ 材料（直径约 6cm 的曲奇饼，11 个的用量）

鲜奶油……60g
黄蔗糖……30g
盐……1 小撮
蛋黄……1 个

A
- 低筋面粉……60g
- 杏仁粉……30g
- 发酵粉……1/3 小匙

馅料
蔓越莓……20g
巧克力碎片……40g
核桃（香烤）※……20g

※ 如果是自己烘烤的，可去壳后放入 150℃的烤箱中烘烤 15 分钟。

※ 制作方法

1. 将鲜奶油、黄蔗糖、盐倒入碗中，用打蛋器搅拌 30 分秒，打发成奶油状，倒入蛋黄，混合均匀。
2. 将 A 料筛到步骤 1 的碗中，搅拌均匀，再加入所有馅料，混合均匀。
3. 将面浆平均分成 11 份（每份约 25g），调整成圆形、压平，放到铺好烘焙纸的烤盘里。放入 180℃的烤箱里烘烤 15 分钟左右。

可以将上述步骤 2 的馅料换成橙皮 40g、巧克力碎片 40g 或者葡萄干 40g，三种馅料都非常好吃。

奶油泡芙

泡芙的口感香脆酥松，与卡仕达奶油是绝配！
即便烘烤过程中不太放心，也不要打开烤箱门，耐心等待一下就好。

※材料（约 12 个的用量）

A
- 鲜奶油……120g
- 水……60g
- 细砂糖……3g
- 盐……2g

低筋面粉……70g
鸡蛋……约 4 个 ※
杏仁片……2 大匙
细砂糖……1 大匙

加入鲜奶油的卡仕达奶油

B
- 蛋黄……4 个
- 细砂糖……80g
- 香草荚……适量（或 3 滴香草油）
- 低筋面粉……40g
- 牛奶……400g

鲜奶油……150g

※ 根据低筋面粉的用量，调整其他必要材料的用量，可按照右侧步骤 *5~7* 的方法酌情调整，剩余的材料可用于步骤 *10*。

❊基本的制作方法

1. 把A料倒入锅中。

❊将A料（鲜奶油、水、细砂糖、盐）搅拌均匀，等待加热。

2. 在空碗中先筛滤好低筋面粉。在另一空碗中，用叉子搅匀鸡蛋。

3. 把步骤1的锅放到炉灶上，开火加热，完全沸腾后加入步骤2的低筋面粉。

4. 关火，用耐热的橡皮刮刀搅拌混合。开火，边加热边搅拌，待锅底泛白、形成薄薄的面浆后即可关火。

5. 将步骤2的蛋液慢慢加入锅中，搅拌均匀。（蛋液用不完也没关系，面浆搅拌成下图的样子即可）

6. 面浆变得细滑后，用耐热的橡皮刮刀挑起，如果整块往下掉，那就再加入一点蛋液，搅拌混合均匀。

7. 用耐热的橡皮刮刀挑起试一次，待面浆呈倒三角形的薄丝带状时即可停止搅拌。

8. 将步骤7的面浆移到装有直径1cm圆形花嘴的裱花袋中。

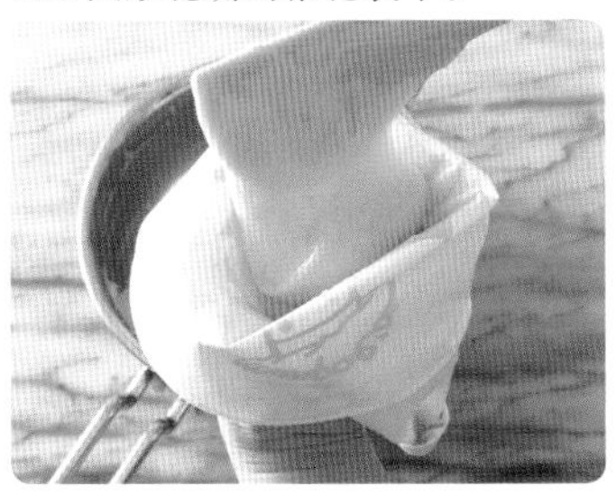

❊裱花袋的顶端先扭一圈，放入面浆。裱花前恢复原状，操作时更方便。

9. 烤盘里铺上烘焙纸，用步骤8的面浆裱出直径大约5cm的圆形面团，一共可制作12个左右。

10. 将剩余的蛋液涂到面团表面。

11. 放上杏仁片，撒上细砂糖，放到180℃的烤箱中烘烤35~40分钟。

12. 制作加入鲜奶油的卡仕达奶油。先用B料制作卡仕达奶油（p.3），摊开，放到耐热的方盘里，紧紧地蒙上保鲜膜。将方盘底放到冰水中尽快降温。将鲜奶油打至六分发状态（p.3）后加入其中，混合均匀，倒入装有星形花嘴的裱花袋中。将步骤11烤好的泡芙上部约1/3的位置切开，下部注入加入鲜奶油的卡仕达奶油，再将上部放好。

造型泡芙

仅是圆溜溜的眼睛，就让整个小鼠造型泡芙生动起来。
玩味十足的甜点，既可爱又活泼。

※材料（10 个的用量）

A
- 鲜奶油……60g
- 水……30g
- 细砂糖……2g
- 盐……1 小撮

低筋面粉……35g
鸡蛋……约 3 个※
巧克力酱……适量

卡仕达奶油
蛋黄……2 个
细砂糖……40g
低筋面粉……20g
牛奶……200g

糖霜
砂糖粉……50g
蛋清……8g

※ 根据低筋面粉的用量，调整其他必要材料的用量。可按照右侧步骤 3 的方法酌情调整，剩余的材料可用于步骤 5。

※制作方法

1. 把 A 料倒入锅中。先在空碗中筛好低筋面粉。在新的空碗中，用叉子搅匀鸡蛋。
2. 将步骤 1 的锅放到灶上，开火加热，完全沸腾后，加入步骤 1 的低筋面粉。关火，用耐热的橡皮刮刀搅拌混合。开火，搅拌加温，当锅底泛白且形成薄薄的面浆后即可关火。
3. 将步骤 1 的蛋液慢慢加入其中，搅拌均匀。用耐热的橡皮刮刀挑起试试，待面浆呈倒三角形的薄丝带状时即可停止。（蛋液用不完也没关系）
4. 将步骤 3 的面浆倒入直径 1cm 的圆形花嘴的裱花袋中。
5. 烤盘里铺上烘焙纸，用步骤 4 的面浆裱出长约 5cm 的泪滴状，一共裱出 10 个。（剩下的面浆稍后再用）将步骤 3 中剩余的蛋液涂到泪滴状面浆的表面，放入 180℃的烤箱中烘烤 25~30 分钟。
6. 将制作卡仕达奶油的所有材料混合（p.3），摊开，放到耐热的方盘里，紧紧地蒙上保鲜膜。将方盘底放到冰水中尽快降温。将卡仕达奶油倒入直径 1cm 的圆形花嘴的裱花袋中。
7. 制作糖霜。砂糖粉筛滤后与蛋清混合，如果太干可加入少许水（分量外）稍加稀释。
8. 将步骤 5 剩余的面浆放到烘焙纸上，用牙签取少许，调整成小鼠耳朵的形状。待步骤 5 的泡芙烘烤完成，将耳朵形状的面浆放入 180℃的烤箱中烘烤 10 分钟※。
9. 在步骤 5 泡芙的底面凿出小孔，注入步骤 6 的卡仕达奶油。泡芙表面涂上步骤 7 的糖霜，再放上步骤 8 的耳朵，最后用巧克力酱画出眼睛和尾巴。

※ 也可以用杏仁片（分量外）代替小鼠的耳朵。

手指泡芙

优雅的手指泡芙，与纯熟的焦糖卡仕达奶油完美组合。
手指泡芙不能太细，否则无法加入奶油。

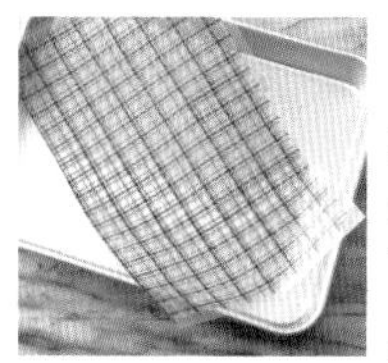

巧克力复写纸。凹凸面粘有巧克力，可直接使用。烘焙店有售。

✲ 材料（12 根的用量）

A
- 鲜奶油……120g
- 水……60g
- 细砂糖……3g
- 盐……2g

低筋面粉……70g
鸡蛋……约 4 个※1
涂层用巧克力……150g
巧克力复写纸（可选）
……12 张（3cm × 14cm）

焦糖卡仕达奶油

B
- 蛋黄……2 个
- 细砂糖……40g
- 香草荚……2cm 的分量（或者香草油 2 滴）
- 低筋面粉……20g
- 牛奶……200g

细砂糖……50g
鲜奶油（乳脂含量 35%※2）
……25g

※1 根据低筋面粉的用量，调整其他必要材料的用量。可按照右侧步骤 3 的方法酌情调整，剩余的材料可用于步骤 5。
※2 如果选用乳脂含量 47% 的鲜奶油，可在 20g 的奶油中加入 5g 牛奶，味道与乳脂含量 35% 的鲜奶油相似。

✲ 制作方法

1. 把 A 料倒入锅中。先在空碗中筛好低筋面粉。在新的空碗中，用叉子搅匀鸡蛋。
2. 将步骤 1 的锅放到灶上，开火加热，完全沸腾后，加入步骤 1 的低筋面粉。关火，用耐热的橡皮刮刀搅拌混合。开火，搅拌加温，当锅底泛白且形成薄薄的面浆后即可关火。
3. 将步骤 1 的蛋液慢慢加入其中，搅拌均匀。用耐热的橡皮刮刀挑起试试，待面浆呈倒三角形的薄丝带状时即可停止。（蛋液用不完也没关系）
4. 将步骤 3 的面浆倒入直径为 1~1.35cm 的圆形花嘴裱花袋中。
5. 烤盘里铺上烘焙纸，用步骤 4 的面浆裱出约 13cm 的粗棒状长条。一共裱 12 根。将之前剩余的蛋液涂到长条面浆的表面，放入 180℃的烤箱中烘烤 35~40 分钟。
6. 制作焦糖卡仕达奶油。将细砂糖倒入锅中，加热至开始变色后即可关火。加入鲜奶油，手握锅柄轻轻晃动，使锅内的鲜奶油和细砂糖均匀混合。将锅底浸入水中（固色）。
7. 将 B 料放入步骤 6 的锅中，与焦糖混合均匀，摊开放到耐热的方盘里，紧紧地蒙上保鲜膜。将方盘底浸到冰水中尽快降温。将焦糖卡仕达奶油倒入直径 1cm 的圆形花嘴的裱花袋中。
8. 在步骤 5 泡芙平坦的一面凿出 2 个小孔，注入步骤 7 的焦糖卡仕达奶油。
9. 将涂层用的巧克力切碎，放到耐热的小碗中，用微波炉加热 80 秒，在结块之前搅拌均匀。将巧克力酱均匀涂到步骤 8 泡芙的平坦一面上。趁巧克力未干，放上巧克力复写纸（注意中间不要有气泡），凝固后再撕去复写纸。

迷你巴黎车轮泡芙

喜爱泡芙的朋友，都熟知这款形状酷似自行车车轮、手掌般大小的甜点。入口即化的杏仁糖奶油让人难以忘怀。

✲材料（12个的用量）

A
- 鲜奶油……120g
- 水……60g
- 细砂糖……3g
- 盐……2g

低筋面粉……70g
鸡蛋……约4个※
杏仁片、砂糖粉……各适量

杏仁糖奶油

B
- 蛋黄……3个
- 细砂糖……50g
- 低筋面粉……30g
- 牛奶……250g

杏仁夹心酱（或花生酱）……25g
鲜奶油……50g

※ 根据低筋面粉的用量，调整其他必要材料的用量。可按照右侧步骤3的方法酌情调整，剩余的材料可用于步骤5。

✲制作方法

1. 把A料倒入锅中。先在空碗中筛好低筋面粉。在新的空碗中，用叉子搅匀鸡蛋。
2. 将步骤1的锅放到灶上，开火加热，完全沸腾后加入步骤1的低筋面粉。关火，用耐热的橡皮刮刀搅拌混合。开火，搅拌加温，当锅底泛白且形成薄薄的面浆后即可关火。
3. 将步骤1的蛋液慢慢加入其中，搅拌均匀。用耐热的橡皮刮刀挑起试试，待面浆呈倒三角形的薄丝带状时即可停止。（蛋液用不完也没关系）
4. 将步骤3的面浆倒入直径1cm的圆形花嘴的裱花袋中。
5. 烤盘里铺上烘焙纸，用步骤4的面浆裱出外径6cm的圆环面团，薄薄的两层面浆重叠在一起。将之前剩余的蛋液涂到圆环面浆的表面，撒上杏仁片，放入180℃的烤箱中烘烤35~40分钟。
6. 制作杏仁糖奶油。先用B料制作卡仕达奶油（p.3），加入杏仁夹心酱混合，摊开，放到耐热的方盘里，紧紧地蒙上保鲜膜。将方盘底浸到冰水中尽快降温。鲜奶油打至六分发状态（p.3），倒入方盘中混合，装入星形花嘴的裱花袋中。
7. 将步骤5的泡芙上下一切两半，下半部分注入步骤6的奶油，再将上半部分盖在上面，最后撒上砂糖粉即可。

✲ **材料**（2 座的用量）

A
- 鲜奶油……120g
- 水……60g
- 细砂糖……3g
- 盐……2g

低筋面粉……70g

鸡蛋……约 4 个 ※

巧克力、草莓、薄荷叶等……各适量

巧克力卡仕达奶油

蛋黄……2 个

B
- 细砂糖……40g
- 低筋面粉……20g
- 牛奶……200g
- 甜味巧克力……80g

※ 根据低筋面粉的用量，调整其他必要材料的用量。可按照下述步骤 3 的方法酌情调整，剩余的材料可用于步骤 5。

✲ **制作方法**

1. 把 A 料倒入锅中。先在空碗中筛好低筋面粉。在新的空碗中，用叉子搅匀鸡蛋。
2. 将步骤 1 的锅放到灶上，开火加热，完全沸腾后，加入步骤 1 的低筋面粉。关火，用耐热的橡皮刮刀搅拌混合。再开火，搅拌加温，当锅底泛白且形成薄薄的面浆后即可关火。
3. 将步骤 1 的蛋液慢慢加入其中，搅拌均匀。用耐热的橡皮刮刀挑起试试，如果面浆呈倒三角形的薄丝带状即可停止。（蛋液用不完也没关系）
4. 将步骤 3 的面浆倒入直径 1cm 的圆形花嘴的裱花袋中。
5. 烤盘里铺上烘焙纸，用步骤 4 的面浆先裱出 2 个外径大约 6cm 的圆环面团，用剩下的面浆裱出 20 个直径约 2cm 的圆形面团。将之前剩余的蛋液涂到圆环和圆形面浆的表面，放入 180℃的烤箱中烘烤 25~30 分钟。
6. 制作巧克力卡仕达奶油。将 80g 甜味克力切碎，放到耐热的小碗中，用微波炉加热 80~100 秒，在结块之前混合均匀。将其放在温度较高的地方，防止巧克力液凝固。
7. 先用 B 料制作卡仕达奶油（p.3），加入步骤 6 的巧克力液混合，摊开放到耐热的方盘里，紧紧地蒙上保鲜膜。将方盘底浸到冰水中尽快降温，最后倒入直径 1cm 的圆形花嘴的裱花袋中。
8. 在步骤 5 的小泡芙底面凿出小孔，注入步骤 7 的奶油。
9. 将其中一个圆环泡芙放到盘子里，堆放半数的小泡芙。将巧克力切碎，放到耐热的小碗中，用微波炉加热 80~100 秒，巧克力融化为巧克力液。用巧克力液将小泡芙粘牢固，最后放上草莓和薄荷叶装饰。用同样的方法制作另一座泡芙塔。

泡芙塔

泡芙的寓意就是“小巧的球形”。
草莓与巧克力奶油搭配，回味无穷。

3 种泡芙前菜

为整桌菜肴增添缤纷色彩的咸味泡芙。配上爽口的沙拉，
绝对是家庭派对中招待朋友的好菜式。可按自己的喜好加入蛋黄酱。

材料（约 21 个的用量）

A
- 鲜奶油……120g
- 水……60g
- 细砂糖……3g
- 盐……2g

低筋面粉……70g
鸡蛋……约 4 个※

馅料
鳄梨……1/4 个
水煮虾……7 只
生火腿……4 片
烟熏三文鱼……7 片
奶油奶酪……约 5g，共 7 片
香芹、细叶芹、萝卜苗、柠檬、柠檬汁、刺山柑……各适量

※ 根据低筋面粉的用量，调整其他必要材料的用量。可按照右侧步骤 3 的方法酌情调整，剩余的材料可用于步骤 5。

制作方法

1. 把 A 料倒入锅中。先在空碗中筛好低筋面粉。在另一空碗中，用叉子搅匀鸡蛋。
2. 将步骤 1 的锅放到灶上，开火加热，完全沸腾后加入步骤 1 的低筋面粉。关火，用耐热的橡皮刮刀搅拌混合。开火，搅拌加温，当锅底泛白且形成薄薄的面浆后即可关火。
3. 将步骤 1 的蛋液慢慢加入其中，搅拌均匀。用耐热的橡皮刮刀挑起试试，面浆呈倒三角形的薄丝带状即可停止。（蛋液用不完也没关系）
4. 将步骤 3 的面浆倒入直径 1cm 的圆形花嘴的裱花袋中。
5. 烤盘里铺上烘焙纸，用步骤 4 的面浆裱出约 21 个直径 3~4cm 的圆形。将之前剩余的蛋液涂到圆形面浆的表面，放入 180℃的烤箱中烘烤 35~40 分钟。将泡芙顶部切开，使之成为盖子。
6. 放入馅料。鳄梨去皮除核后切成 7 等份，倒入柠檬汁。将水煮虾、切碎的香芹、细叶芹都放到步骤 5 的泡芙下部，盖上盖子。
7. 用对半切开的生火腿包住萝卜苗，将其放到步骤 5 的泡芙下部，盖上盖子。
8. 用奶油奶酪卷好烟熏三文鱼，与切成薄片的柠檬、刺山柑一同放到步骤 5 的泡芙下部，盖上盖子。

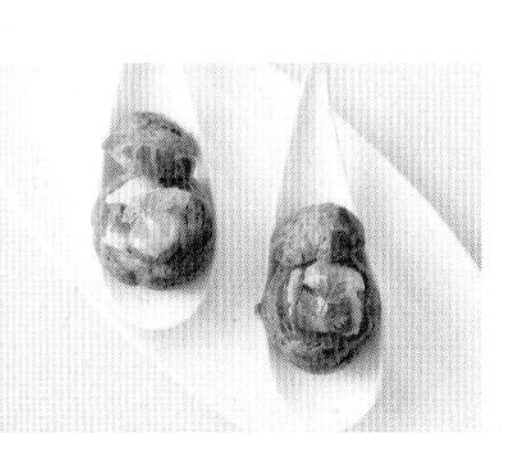

冷制甜点

鸡蛋布丁

人人都爱的鸡蛋布丁，非常适合朋友聚会时食用。
配方含酒，让味道更具几分成熟感。焦糖中的酒精成分已挥发，只留下阵阵果香。

✻ 材料（直径 15cm、底面直径 12.8cm 的圆形活底挞模※，1 个的用量）

鸡蛋……3 个
细砂糖……85g
牛奶……400g
香草荚……3cm 的分量（或香草油 3 滴）
白兰地（或朗姆酒）……1 大匙
食用油……适量
薄荷叶……适量

焦糖
细砂糖……70g
水……20g
红酒（甜口）……20g

※ 底面不可分离的模具。也可用直径 15cm、底面不可分离的圆形模具。

✻ 制作方法

1. 模具涂上油。将香草荚中的香草籽与豆荚分开，都放入牛奶中。
2. 制作焦糖。将细砂糖和水倒入锅中，开火加热，搅拌至变色后加入红酒，可用滤网等工具辅助，防止液体飞溅。关火后将锅底浸入水中（固色），倒入步骤 1 的模具中。
3. 鸡蛋打入空碗里搅拌，加入细砂糖混合均匀。
4. 在步骤 3 的碗中加入少许步骤 1 的牛奶，充分搅匀（豆荚可以留在牛奶里，也可以加到蛋液里），加入白兰地混合。
5. 将步骤 4 的液体用滤网过滤，倒入步骤 2 的模具中。
6. 将步骤 5 的模具放入大两圈的耐热容器※中，并在耐热容器中注入热水至容器的 2/3 处（注意，热水不要倒入模具中）。将容器放入 150℃的烤箱中烘烤 40 分钟，冷却后放入冰箱中冷藏。
7. 将布丁盛到盘子里。将模具底面放入热水中（溶化焦糖），扣到盘子里，取下模具，最后放上薄荷叶加以点缀。

※ 也可以用口深且热水不容易溢出来的不锈钢容器。

✲ 材料（直径 15cm 的圆形模具 ※1，1 个的用量）

冷冻南瓜……260g
细砂糖……75g
鸡蛋……3 个
鲜奶油……120g
牛奶……120g
食用油……适量
鲜奶油（装饰用）、薄荷叶……各适量

焦糖
细砂糖……60g
水……15g

※1 选用底面不可分离的模具。

✲ 制作方法

1. 模具涂上油。将冷冻南瓜放入耐热容器中，轻轻蒙上保鲜膜，用微波炉加热 5 分钟左右，直至南瓜变软。
2. 制作焦糖。将细砂糖倒入锅中，开火加热。待糖浆冒泡、变色后关火，通过滤网等工具辅助加水，防止液体飞溅。将焦糖倒入步骤 1 的模具中，静置冷却。
3. 将步骤 1 的南瓜趁热压碎，用细眼的滤网过滤，放入空碗中，依次加入细砂糖、鸡蛋、鲜奶油、牛奶，同时进行搅拌。
4. 将步骤 3 的混合物注入步骤 2 的模具中。
5. 将步骤 4 的模具放入大两圈的耐热容器 ※ 中，并在耐热容器中注入热水，至容器的 2/3 处（注意热水不要倒入模具中）。将容器放入 160℃的烤箱中烘烤 45~50 分钟，冷却后放入冰箱中冷藏。
6. 将布丁盛到盘子里。将模具底面放入热水中（溶化焦糖），扣到盘子里，取下模具。将布丁切分后放到盘子里，可用勺子取少许打至八分发的鲜奶油（p.3）放于布丁旁，最后加薄荷叶进行点缀。（如右图）

※ 也可以用口深且热水不容易溢出来的不锈钢容器。

南瓜布丁

即便是用冷冻的南瓜味道也很好。虽然这款布丁的制作方法简单，但味道独特，绝不会输给任何一种蛋糕哦。

法式面包布丁

在剩余的长方包中加入水果干而制成的面包布丁。
用磅蛋糕的模具烘烤，切开后即可食用。

材料（21cm×8cm×6cm 磅蛋糕模具，1个的用量）

长方包（切成8片）……2片
西梅（半干）……6颗
无花果（半干）……2颗
杏子（半干）……5颗
葡萄干……30g

布丁液
鸡蛋……2个
细砂糖……70g
A 牛奶……180g
A 鲜奶油……100g
A 朗姆酒……1大匙

制作方法

1. 将面包片切成厚 1.5cm×1.5cm 的块，西梅 4 等分，无花果 6 等分，杏子 6 等分。
2. 模具里铺上烘焙纸，将步骤 1 的所有材料和葡萄干混合，放入其中。
3. 制作布丁液。鸡蛋打入碗中，加入细砂糖混合，再放入 A 料，搅拌均匀。
4. 用滤网将步骤 3 的混合物进行过滤，注入步骤 2 的模具中。
5. 将步骤 4 的模具放入大两圈的耐热容器※中，并在耐热容器中注入热水，至容器的 1/2 处（注意热水不要倒入模具中）。将容器放入 160℃的烤箱中，烘烤约 40 分钟，冷却后放入冰箱中冷藏。

※也可以用口深且热水不容易溢出来的不锈钢容器。

材料（容积为 150mL 的容器，5 个的用量）

杏仁……50g
牛奶……350g
细砂糖……80g
吉利丁粉……6g
水……18g
鲜奶油……100g
杏仁利口酒（或自己喜欢的洋酒）……1 小匙
杏仁精……少许
草莓、奇异果等自己喜欢的水果……适量

制作方法

1. 将吉利丁粉筛滤至水中，混合。杏仁切碎。将制作使用的容器浸到冷水中，冷却。
2. 将牛奶和步骤 1 的杏仁倒入锅中，开火加热，煮 2~3 分钟后关火，加入细砂糖，盖上盖子，放置 2~3 分钟。
3. 鲜奶油倒入碗中，打至六分发状态（p.3）。
4. 将步骤 2 的混合物用滤网过滤到空碗中，加入步骤 1 的吉利丁液，搅拌。
5. 将步骤 4 过滤出的杏仁与 100g 水（分量外）倒入锅中，加热 2~3 分钟，过滤※后倒入步骤 4 的碗中。
6. 将步骤 5 的碗底放入冷水中冷却，加入杏仁利口酒、杏仁精，混合至黏稠状后加入步骤 3 的鲜奶油，搅拌均匀。最后，将牛奶杏仁液注入容器里，放入冰箱中冷藏。
7. 将水果切成适口的大小，放到牛奶杏仁冻上面。

※ 剩余的杏仁可装饰其他的甜点。将杏仁滤干水，放入 170℃的烤箱中烘烤 25 分钟后即可使用。

放入带盖且方便携带的容器中。冷却凝固后就可当作礼物送给朋友了。可用胶带将容器底面轻轻固定在纸盒里，若放入保冷剂效果更佳。

牛奶杏仁冻

杏仁的醇香与水果的酸甜味完美结合。

芒果布丁

爽滑可口的芒果布丁，全家都喜爱。
冷冻的芒果酱是美味的秘诀哦！

材料（容积为 120mL 的容器，5 个的用量）

冷冻的芒果酱[※1]……120g

A
- 牛奶……140g
- 鲜奶油（乳脂含量 35%[※2]）……60g
- 砂糖……50g

吉利丁粉……6g
水……18g
柠檬汁、柠檬皮……各少许
珍珠（煮熟后浸泡在糖浆中）、芒果（或黄桃）、薄荷叶……各适量

※1 建议选用阿方索芒果等果肉较软、味道酸甜的品种。
※2 如果选用乳脂含量 47% 的鲜奶油，可在 45g 的奶油中加入 15g 牛奶，味道与乳脂含量 35% 的鲜奶油相似。

制作方法

1. 将吉利丁粉筛滤至水中，混合。
2. 将冷冻的芒果酱倒入耐热的碗中，用微波炉加热 1 分钟，加入柠檬汁和擦碎的柠檬皮。
3. 将 A 料放入锅中，煮至沸腾后关火，加入步骤 1 的吉利丁溶液，混合均匀。
4. 将步骤 3 的混合物加入步骤 2 的碗中，混合均匀，注入容器中，放入冰箱里冷藏。
5. 按自己的喜好加入珍珠、切碎的芒果和薄荷叶进行点缀。

豆奶芝麻布丁

细腻的口感，醇香的味道。
用香浓的豆奶制作而成，味道十分特别。

材料（容积为 120mL 的容器，5 个的用量）

豆奶……260g
白芝麻酱……30g
吉利丁粉……6g
水……18g

A
- 黑糖粉……30g
- 水……30g

制作方法

1. 将吉利丁粉筛滤到水中，混合。
2. 将 60g 豆奶和步骤 1 的吉利丁溶液倒入耐热的碗中，用微波炉加热 20~30 秒，让吉利丁完全化开。
3. 白芝麻酱加入到步骤 2 的碗中，搅拌均匀，慢慢加入 200g 豆奶，搅匀。碗底浸入冰水中，继续搅拌至黏稠状，注入容器中，放入冰箱内冷却凝固。
4. 将 A 料倒入耐热的容器中，混合均匀，用微波炉加热 2 分钟，冷却后淋到步骤 3 的布丁上。

威士忌巧克力

在巧克力中掺入少许威士忌，创造出令人意外的清爽味道。
生巧克力与鲜奶油属性相同，均要置于冰箱中冷藏保存。

※ 材料（14cm×9.5cm×5cm 的容器，1 个的用量）

甜味巧克力……100g
杏仁夹心酱（或花生酱）……10g
鲜奶油（乳脂含量 35%※）……50g
威士忌……10g
可可粉……适量

※ 如果选用乳脂含量 47% 的鲜奶油，可在 40g 的奶油中加入 10g 牛奶，味道与乳脂含量 35% 的鲜奶油相似。

※ 制作方法

1. 将甜味巧克力切碎，放入耐热的碗中，加入杏仁夹心酱。
2. 将鲜奶油倒入耐热的容器中，用微波炉加热 50~60 秒，直至沸腾。将步骤 1 的材料加入其中，用耐热的刮刀搅拌，排出空气。待混合物变得细滑后加入威士忌，继续搅拌。
3. 容器蒙上保鲜膜，注入步骤 2 的混合物，再放到冰箱中冷藏凝固。
4. 切成适口的大小，撒上可可粉。

白巧克力球

在巧克力中加入多种美味食材，
轻轻松松制作出巧克力球！

※ 材料（直径 3cm 的半球形模具，12 个的用量）

白巧克力……100g
杏仁夹心酱（或花生酱）……12g
柑曼怡（或自己喜欢的洋酒）……少许
核桃（香烤※）……12g
西梅（干燥）……16g

※ 如果是自己烘烤的，可去壳后放入 160℃的烤箱中烘烤 15 分钟。

※ 制作方法

1. 将白巧克力切碎，核桃切碎。
2. 在碗中倒入 60℃的热水，叠放一个稍微大一些的碗※。将步骤 1 的巧克力和杏仁夹心酱倒入碗中，搅拌至化开，加入柑曼怡和核桃，混合均匀。
3. 将步骤 2 中混合物的一半倒入模具中，撒上西梅，再倒入步骤 2 中剩下的混合物，放入冰箱中冷藏凝固即可。

※ 利用下层碗中的蒸汽加热上层的碗底。

浓情巧克力球

用 5 种材料就可以制作完成的巧克力球。
使用硅胶模具制作，让成品的外观更加润滑，富有光泽。

※ 材料（直径 3cm 的半球形模具，12 个的用量）

牛奶巧克力……100g
杏仁夹心酱（或花生酱）……12g
朗姆酒（或自己喜欢的洋酒）……少许
脆米片※（或饼干屑）……16g
棉花糖……2 颗

※ 将烤香的可丽饼磨碎即可。

※ 制作方法

1. 将牛奶巧克力切碎，棉花糖切成小块。
2. 在碗中倒入 60℃的热水，叠放一个稍微大一些的碗※，将步骤 1 的巧克力和杏仁夹心酱倒入碗中，搅拌至化开，加入朗姆酒，混合，再加入脆米片，搅匀。
3. 将步骤 2 中混合物的一半倒入模具中，撒上步骤 1 的棉花糖，再倒入步骤 2 中剩下的混合物，放入冰箱中冷藏凝固即可。

※ 利用下层碗中的蒸汽加热上层的碗底。

时间充裕时可试试看
特制甜点

柠檬蛋白蛋糕

柠檬的最佳赏味期是冬末初春，此时最适合制作柠檬蛋糕。
柠檬味道清爽，在夏季制作柠檬蛋糕也同样适合。外出时与大家分享，幸福满满。

※材料（直径 15cm 的圆形模具 / 圆形慕斯圈，1 个的用量）

海绵蛋糕
- 鸡蛋（整个）……1 个
- 蛋黄……1 个
- 细砂糖……35g
- 盐……少许
- 低筋面粉……35g
- 鲜奶油……18g

柠檬蛋白面浆
- A 细砂糖……80g
- A 水……2 大匙
- B 蛋清……2½ 份（80g）
- B 细砂糖……20g
- 鲜奶油……100g
- C 柠檬汁……2⅔ 大匙
- C 柠檬利口酒（或自己喜欢的利口酒）……1/2 大匙
- 柠檬皮……1/2 个的量
- 牛奶……90g
- 吉利丁粉……7.5g
- 水……22g

蜂蜜柠檬 ※
- 柠檬……1 个
- 蜂蜜……25g
- 柠檬利口酒（或自己喜欢的利口酒）……1⅔ 大匙

※ 适量易操作即可。剩余的部分可加到热水和碳酸水中，制作成饮品，同样美味。

※制作方法

1. 制作蜂蜜柠檬。柠檬切成圆片放入锅中，加水（分量外）没过表面。开火加热至沸腾，调至小火煮 5 分钟，加入蜂蜜、柠檬利口酒，盖上锅盖。待柠檬皮的白色部分变透明时即可关火，静置冷却，再倒入密封的容器中，放入冰箱里冷藏 2~3 天。
2. 制作海绵蛋糕。将鸡蛋、蛋黄倒入碗中，加入细砂糖、盐，用手持搅拌机在高速状态下打发 2 分钟，再在低速状态下打发 1 分钟。
3. 将鲜奶油倒入空碗中，用手持搅拌机打至六分发状态（p.3）。
4. 将低筋面粉筛滤至步骤 *2* 的碗中，同时用橡皮刮刀混合。
5. 将粘在橡皮刮刀上的面浆混入步骤 *3* 打发好的鲜奶油中，搅拌混合使面浆脱落。将所有面浆倒入步骤 *4* 的碗中，混合均匀。
6. 在圆形模具中铺上烘焙纸，慢慢注入步骤 *5* 的面浆。
7. 放入 180℃的烤箱中烘烤 20 钟左右。取出模具后在操作台磕一下，让热气散去，上下颠倒从模具中取出蛋糕，静置冷却。
8. 制作柠檬蛋白面浆。将吉利丁粉筛到水中，混合。将 C 料倒入空容器中，柠檬皮擦碎后加入其中，混合均匀。
9. 牛奶用微波炉加热 1 分钟，倒入步骤 *8* 的吉利丁溶液，充分搅匀。
10. 鲜奶油倒入碗中，打至六分发状态（p.3）。
11. 将 A 料倒入耐热的容器中，用微波炉加热 2 分钟。搅拌使细砂糖溶解，用微波炉加热 90 秒。
12. 在步骤 *11* 加热期间，可将 B 料倒入空碗中，用手持搅拌机打发至泛白状。
13. 趁热将步骤 *11* 的细砂糖溶液加入步骤 *12* 的碗中，继续打发至冷却。
14. 在步骤 *10* 的鲜奶油碗中加入 1/3 步骤 *13* 的材料，混合。将混合物倒入步骤 *13* 的碗中，倒入步骤 *8* 的柠檬液、步骤 *9* 的牛奶液，并迅速用打蛋器搅拌，保持泡沫的状态，混合均匀。
15. 将步骤 *7* 的海绵蛋糕切成 2 块，每块 1cm 厚。其中 1 块稍微切小一圈。在圆形慕斯圈模具的一侧蒙上保鲜膜，用橡皮筋固定（用作底面），放到方盘里（或是在干净的圆形空模具里再铺一层纸）。将步骤 *1* 的蜂蜜柠檬圆片对半切开，在底面并排放上 6 片。将步骤 *14* 柠檬蛋白面浆的一半注入其中，放上小块的海绵蛋糕，注入剩余的柠檬蛋白面浆，再放上另一块海绵蛋糕，放入冰箱中冷藏凝固。
16. 食用前，在模具周围放上热毛巾加温，将模具上下颠倒放置，将蛋糕扣在盘子里，取下圆形慕斯圈（或普通圆形模具）。按自己的喜好，放上切成薄片的柠檬和薄荷叶（均为分量外）点缀。

坚果酥脆巧克力蛋糕

海绵蛋糕涂上一层甘纳许巧克力酱，美味让人难忘。
香浓的脆皮奶酥口感酥松，回味无穷。

材料（直径 18cm 的圆形模具，1 个的用量）

鸡蛋（整个）……2 个
蛋黄……1 个
细砂糖……65g
盐……少许
A［低筋面粉……55g
　 可可粉……10g
鲜奶油……40g
樱桃……25 颗
杏仁片、开心果（均需香烤※）
　……各适量

脆皮奶酥
B［砂糖粉……12g
　 低筋面粉……4g
　 杏仁粉……20g
　 肉桂……1/4 小匙
食用油……9g

甘纳许
榛子酱（或花生酱）……20g
甜味巧克力……50g
鲜奶油……40g

装饰奶油
鲜奶油……300g
牛奶……30g
细砂糖……30g

可可酱
C［水……20g
　 细砂糖……20g
可可粉……1 大匙

※ 如果是自己烘烤的，可去壳后放入170℃的烤箱中烘烤 20 分钟。

制作方法

1. 制作脆皮奶酥。将B料倒入碗中，用打蛋器搅拌，加入油后继续搅拌，面浆呈黏糊状后整理成直径 1~2cm 的小球。
2. 烤盘里铺上烘焙纸，分散放上步骤 1 的小球，放入 170℃的烤箱中烘烤 20 分钟左右（此时可将杏仁片与开心果一起烘烤）。
3. 制作甘纳许。将甜巧克力切碎，放入耐热的小碗中，加入榛子酱混合。
4. 将鲜奶油倒入耐热的容器中，用微波炉加热大约 1 分钟至沸腾状，然后倒入步骤 3 中混匀。
5. 将鸡蛋、蛋黄倒入碗中，搅拌均匀，加入细砂糖、盐，用手持搅拌机在高速状态下打发 2 分钟，再在低速状态下打发 1 分钟。
6. 鲜奶油倒入空碗中，用手持搅拌机打至六分发状态（p.3）。
7. 将低筋面粉筛滤至步骤 5 的碗中，同时用橡皮刮刀混合。
8. 将粘在橡皮刮刀表面的面浆混入步骤 6 打发好的鲜奶油中，搅拌混合使面浆脱落。将所有面浆倒入步骤 7 的碗中，混合均匀。
9. 模具里铺上纸（垫纸或烘焙纸），接着慢慢注入步骤 8 的面浆。
10. 放入 170℃的烤箱中烘烤 26 钟左右。取出模具后在操作台磕一下，待热气散去后，将模具上下颠倒，取出蛋糕，静置冷却。
11. 将制作装饰奶油的所有材料倒入空碗中，打至六分发状态（p.3）。取出一半再继续打至八分发状态（p.3）。

12. 制作可可酱。将C料倒入耐热容器中，用微波炉加热1分钟，使砂糖粉溶解。然后，一点一点加入可可粉，搅拌至细滑状即可。
13. 将步骤10的蛋糕坯三等分切开。在最下面的蛋糕坯横切面涂上一半步骤3的甘纳许，在上面涂抹一半步骤11中打至八分发的装饰奶油，再嵌入樱桃。重叠放上第二层蛋糕，轻轻压一下，贴合后在蛋糕坯横切面涂上剩下的甘纳许，再涂上剩下的八分发装饰奶油，最后放上顶层蛋糕。
14. 用之前剩下的六分发装饰奶油涂抹整块蛋糕，再淋上步骤12的可可酱※加以装饰，放上步骤2的脆皮奶酥。最后，可按自己的喜好撒上杏仁片和切碎的开心果。

※ 可将烘焙纸（或裱花袋或料理用塑料袋）折叠成锥形，倒入可可酱，顶端稍微剪去一点，裱花时会更容易。

步骤2中的脆皮奶酥。奶酪蛋糕条中也可稍微放一些形状不同的奶酥。用在其他巧克力蛋糕中也同样美味哦。

图书在版编目（CIP）数据

健康低脂的无黄油烘焙 /（日）宫代真弓著；何凝一译．-- 青岛：青岛出版社，2017.7
ISBN 978-7-5552-5639-7

Ⅰ．①健… Ⅱ．①宫… ②何… Ⅲ．①烘焙－糕点加工 Ⅳ．① TS213.2

中国版本图书馆 CIP 数据核字（2017）第 146428 号

书　　名　健康低脂的无黄油烘焙
著　　者　［日］宫代真弓
译　　者　何凝一
出版发行　青岛出版社
社　　址　青岛市海尔路182号（266061）
本社网址　http://www.qdpub.com
邮购电话　13335059110　0532-68068026
责任编辑　贺　林
特约编辑　倪　慧
装帧设计　王　青
制　　版　青岛乐喜力科技发展有限公司
印　　刷　青岛乐喜力科技发展有限公司
出版日期　2017年8月第1版　2017年8月第1次印刷
开　　本　16开（787毫米 × 1092 毫米）
印　　张　5.5
字　　数　200千
图　　数　535幅
印　　数　1-7000
书　　号　ISBN 978-7-5552-5639-7
定　　价　35.00元

编校印装质量、盗版监督服务电话：4006532017　0532-68068638
建议陈列类别：美食类　生活类